蛋 糕

烘焙魔法书

[日] 三宅郁美 著 周志燕 译

浙江科学技术出版社

咸味蛋糕 & 黄油蛋糕

前言

住在法国期间，
我尝遍了当地的咸味蛋糕。
回国后惊讶地发现，这在日本竟然是个陌生词汇。

"十分简单易学，并且美味可口。
特别想把这么美味的蛋糕介绍给大家，让大家品尝一下！"
基于这个想法，我写了这本书。

当然本书介绍的不仅有咸味蛋糕，还有甜味蛋糕。
同时搭配了蔬果、巧克力等经典素材的蛋糕也是本书的亮点。

工具的话，只需要一个搅拌盆、打蛋器以及模具。
只要掌握蛋糕坯的基本做法就好了，
至于配料，用冰箱里的剩菜或是预先准备好的菜肴即可。
根据个人喜好，可随意搭配。

这可作为平日餐桌上的甜点、
款待客人时的点心、探访朋友时的礼物。

这一定能为您的每一天增色不少。

三宅郁美

目录

Part 1

烘焙基础

Part 2

咸味蛋糕

蔬菜

Part 3
黄油蛋糕

注意事项

◎ 计量标准：1大匙为15毫升、1小匙为5毫升、1杯为200毫升。大匙小匙以盛得平满为标准。

◎ 鸡蛋选中等大小的。

◎ 因为烤箱不同，烘烤温度、烘烤时间、烘烤结果都会有所差异。请以书中标记的时间为标准，结合家用烤箱的特点，在基本温度设定和时间调节上下功夫。

◎ 预热的时间：如果烤箱没有预热指示灯，需要注意观察加热管的情况，当加热管由红色转为黑色时，就表示预热好了。一般预热需要5～10分钟。

Part 1

烘焙基础

蛋糕的做法

本书所介绍的蛋糕，只需按步骤添加原料、适当搅拌即可完成。一个搅拌盆就能轻松搞定，大家一定会惊讶怎么会如此简单吧。掌握了蛋糕坯的基本做法后，可根据个人喜好放入各式各样的配料。请大家尽情享受烘焙的乐趣吧。

需要准备的工具：①搅拌盆（直径20厘米以上）；②过滤网（筛粉用）；③刷子；④小刀；⑤橡皮刮刀；⑥打蛋器。

(1) 配料 蛋糕坯的做法很简单

凸显各种混搭素材美味	适合做茶余饭后点心
咸味蛋糕	**甜味（砂糖）蛋糕**
蛋糕模（16厘米×7厘米×高6厘米）1个 或 直径5厘米8个	蛋糕模（16厘米×7厘米×高6厘米）1个 或 直径5厘米8个

低筋面粉——100克

高筋面粉——50克

泡打粉——2小匙

鸡蛋——3个

色拉油——4大匙

牛奶——2大匙

盐——2撮

胡椒粉——少许

低筋面粉——120克

泡打粉——1／2小匙

盐——少许

黄油（不用食盐）——100克

细砂糖——100克

鸡蛋——2个

(2) 准备工作 轻松做美味蛋糕坯的前奏

■ **让冷藏黄油和鸡蛋恢复到室温**

提前1小时从冰箱内取出黄油和鸡蛋，让其恢复到室温。

■ **筛入粉类**

将所有粉类掺在一起并过筛。过筛是为了不产生粉粒，让泡打粉更均匀地与面粉混合。

■ **准备好模具**

若是氟碳树脂加工而成的模具，直接放入蛋糕坯即可。若是铝制模具或是不锈钢模具，需要做以下工作：用刷子在模具内壁涂上一层薄薄的搅拌成泥状的黄油，放入冰箱冷藏10分钟；待黄油凝固后，筛入一层薄薄的高筋面粉，使其粘满模底；按照模具的大小裁出纸张（蜡纸或防粘烤盘纸），贴在模具内壁上。

■ **预热烤箱**

调好烤箱温度，预热烤箱。

(3) 搅拌 按步骤加入原料、适当搅拌即可

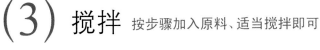

| 咸味蛋糕 | 黄油蛋糕 |

将鸡蛋打入搅拌盆，拌匀。

加入色拉油。

加入牛奶、盐、胡椒粉并搅拌。

将粉类筛入搅拌盆。

用橡皮刮刀以切的方式充分搅拌。

用打蛋器搅拌黄油。

加入细砂糖并充分搅拌。

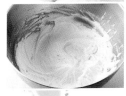

加入鸡蛋、拌匀。

将粉类筛入搅拌盆。

用橡皮刮刀以切的方式充分搅拌。

→ 加入配料并充分搅拌后，放入模具进行烘焙即可。在烘焙前请检查一下每个步骤。

经典咸味蛋糕

掌握了蛋糕坯的基本做法后，大家就可以尝试着放入配料进行烘焙了。
首先介绍一些原料常见、简单的经典蛋糕的做法。

大
蛋
糕

火腿蔬菜咸味蛋糕

小蛋糕

从蛋糕的断面看那五颜六色的蔬菜，仿佛映入眼帘的是个熠熠发光的宝石箱。

火腿蔬菜咸味蛋糕

◎ 配料（蛋糕模·16厘米×7厘米×高6厘米·1个或直径为5厘米的纸质模具·8个）

A ⎡ 低筋面粉——100克
  ⎢ 高筋面粉——50克
  ⎣ 泡打粉——2小匙

B ⎡ 鸡蛋——3个
  ⎢ 色拉油——4大匙
  ⎢ 牛奶——2大匙
  ⎢ 盐——2撮
  ⎣ 胡椒粉——少许

火腿（切成1厘米角状）——30克
红椒（切成1厘米角状）——20克
玉米（罐装）——20克
黄瓜（切成1厘米角状）——20克
洋葱（切成碎末）——20克
调味奶酪（切成1厘米角状）——30克

● 准备工作

- 提前1小时从冰箱内取出鸡蛋，使其恢复到室温。
- 将A组粉掺在一起并过筛（取出1大匙留作备用）。
- 准备好模具※。
- 将烤箱温度调到180℃，预热。

※ 模具的准备

用刷子在模具内壁涂上一层薄薄的搅拌成泥状的黄油，放入冰箱冷藏10分钟；待其凝固后，筛入一层薄薄的高筋面粉，使其粘满模底；按照模具的大小裁出纸张（蜡纸或防粘烤盘纸），贴在模具内壁上。氟碳树脂加工而成的模具则可以省去这些工序。

倾斜模具，使涂抹在模具上的面粉均匀铺开。最好使用高筋面粉，若没有，用低筋面粉代替也可以。

按照模具的大小裁出纸张（蜡纸或防粘烤盘纸）。基本的蛋糕模一般是剪成一边长16厘米[纵长]、另一边长23厘米[7厘米（底边）＋6厘米×2（高的2倍）＋4厘米（露出模具两端的长度2厘米×2）＝23厘米]的纸张。

贴上烤盘纸的蛋糕模，有时候会因为纸受烤箱的热气影响而使火腿跑出来。所以在烘烤之前，最好用手指蘸上面糊，涂抹到纸与模具之间，使烤盘纸与模具紧贴在一起。

● 制作方法

1. 搅拌

将B组的鸡蛋打入搅拌盆中，用打蛋器充分搅拌后，按顺序加入B组的其他原料，再次搅拌。

如图所示，当用打蛋器撩起液体时如呈带状流下，就算搅拌均匀了。

2. 筛入粉类

将A组粉筛入搅拌盆中，以切的方式充分搅拌。

准备工作中已筛选过的粉再次过筛，筛入搅拌盆中。

用橡皮刮刀以切的方式充分搅拌，但不要搅拌出黏性来。

3. 加入配料

将备用面粉涂抹到已切好的配料上，一边转动搅拌盆，一边用橡胶刮刀从盆底开始搅拌。

在配料上撒满粉是为了使其与面糊更均匀地融合在一起。这样在烘烤的时候，配料就不易沉淀到底部。

4. 放入模具

用汤匙舀取面糊，放入模具中。拿起模具，使其从5厘米的高度下落2次。

将面糊舀入模具后，让模具从5厘米的高度下落2次，是为了排除气泡以及使面糊表面平整。

5. 烘烤

烘烤大蛋糕时，将模具放入烤箱，180℃烘烤10分钟后取出，用小刀在中间切开，再放回烤箱，170℃烘烤25～30分钟。烘烤小蛋糕时，将模具放入烤箱，180℃烘烤25分钟左右即可。用竹签刺探，若竹签上没有黏附面糊，表明已经烘烤好了。

在蛋糕坯膨胀以前，在中间划一条1厘米深的切缝，蛋糕坯就会以这条切缝为界膨胀开来。用小刀或者竹签都可以。

6. 冷却

出炉后趁热脱模，然后放在冷却网上冷却。

※模具温度很高，请注意别被烫到。

※若用纸杯做模具，不用脱模也可以。

经典黄油蛋糕

接着让我们尝试烘烤散发着清爽柠檬香味的柠檬蛋糕吧。
表面点缀着晶莹透亮的柠檬霜糖的蛋糕，既美味又美观，很适合做访亲拜友时的礼物。

柠檬黄油蛋糕

大蛋糕

小蛋糕

散发着淡淡的柠檬香味的蛋糕晶莹剔透，给人一种从视觉到味觉的双重享受。

柠檬黄油蛋糕

◎ 配料（蛋糕模·16厘米×7厘米×高6厘米·1个或直径为5厘米的迷你圆模·8个）

A ┌ 低筋面粉——120克
  │ 泡打粉——1/2小匙
  └ 盐——少许

B ┌ 黄油（无盐）——100克
  │ 细砂糖——100克
  └ 鸡蛋——2个

柠檬皮——1/2个
柠檬汁——1/2大匙

柠檬糖霜
细砂糖——50克
柠檬汁——2小匙

◉ 准备工作
- 提前1小时从冰箱内取出黄油和鸡蛋，使其恢复到室温。
- 将A组粉掺在一起，并过筛。
- 准备好模具（参照第12页）。
- 将烤箱温度调到180℃、预热烤箱。

● 制作方法

1. 搅拌

将B组的黄油放入搅拌盆中，用打蛋器搅拌至均匀光滑状。再将细砂糖分2次添入，每次都用打蛋器充分搅拌。搅拌至砂糖完全溶解且黄油微微发白即可。

以稍稍倾斜搅拌盆的方式搅拌，既省力又省时。

用打蛋器将混合物搅拌至微微发白的奶油状即可。在搅拌过程中，由于带入了空气，面糊体积增大。

2. 再次搅拌

将拌匀的B组鸡蛋分4次添入步骤1的搅拌盆中，每次都用打蛋器充分搅拌。

搅拌鸡蛋时，当用打蛋器撩起液体时如呈带状流下，就算搅拌均匀了。这样拌匀的鸡蛋更易与面糊融合在一起。

3. 筛入粉类

将A组粉筛入步骤2的搅拌盆中，用橡皮刮刀以切的方式充分搅拌。然后加入磨成碎末的柠檬皮和柠檬汁，再次搅拌。

将粉类筛入搅拌盆。加上准备工作中的筛粉，总共要过筛两次。

用橡皮刮刀以切的方式充分搅拌、搅拌至粉粒消失、面糊表面光滑有色泽。但不要搅拌出黏性来。

4. 将面糊放入模具

将面糊放入模具中，并使中间凹陷。拿起模具，使其从5厘米的高度下落2次。

将面糊放入模具后，让模具从5厘米的高度下落2次，以排除气泡以及使面糊表面平整。

5. 烘烤

烘烤大蛋糕时，将模具放入烤箱，180℃烘烤10分钟后取出，用小刀在中间切开，再放回烤箱，170℃烘烤25～30分钟。烘烤小蛋糕时，将模具放入烤箱，180℃烘烤25分钟左右即可。用竹签刺探，若竹签上没有黏附面糊，表明已经烤好了。

在蛋糕坯膨胀以前，在中间划一条1厘米深的切缝，蛋糕坯就会以这条切缝为界膨胀开来。用小刀或者竹签都可以。

6. 冷却

出炉后趁热脱模，然后放在冷却网上冷却。将柠檬糖霜的原料掺在一起后充分搅拌，然后将糖霜淋到蛋糕表面，等待其凝固。

※模子温度很高，请注意别被烫到。

※若用纸杯做模具，不用脱模也可以。

如果烘焙的是大蛋糕，则用刷子将糖霜均匀地涂抹到蛋糕表面。

如果烘焙的是小蛋糕，则用蘸着糖霜的刷子往蛋糕上淋糖霜。

各种款式的蛋糕模

本书介绍的蛋糕以使用大蛋糕模具为主，但是我们可以自由选择模具的形状和大小。

大家可以使用手头现有的模具，也可以根据个人喜好选购别的模具。

小蛋糕，特别适合作为礼物馈赠他人。

a.b
这两个都是最基本的蛋糕模具。a：不锈钢材质的模具（16厘米×7厘米×高6厘米），b：氟碳树脂加工而成的模具（14.5厘米×5.5厘米×高5厘米）

c
细长型模（23厘米×3.5厘米×高6.5厘米）→第48页、第71页、第86页

d
搪瓷锅（直径16厘米×高5厘米）→第81页

e
圆模（直径15厘米×高6厘米）→第83页

f
半圆槽型模（18.5厘米×6.5厘米×高5厘米）→第26页

g
咕咕霍夫模（直径14厘米×高6厘米）→第78页

a
迷你蛋糕模（金属材料）（8 厘米× 3 厘米×高 4 厘米）→第54页、第79页

b
迷你蛋糕模（纸质材料）（8 厘米× 3 厘米×高 3.5 厘米）→第35页

c
迷你咕咕霍夫模（直径10.5厘米×高 5 厘米）→第77页

d
硅胶模（直径 7 厘米×高 3 厘米）→第89页

e
迷你椭圆形模（7.5厘米×高4.5厘米）→第30页

f
迷你圆模（纸质材料）（直径 5 厘米×高 4 厘米）→第11页、第16页

g
圆模（直径6.5厘米）＋蜡纸（直径 5 厘米）→第41页、第47页、第75页（仅限于圆模）

h
贝壳形模（7 厘米×高2.5厘米）→第49页、第69页

牛奶包装盒变身蛋糕模

稍微加工一下牛奶包装盒，免费的模具就做成了。正在犹豫要不要买模具的朋友，学会了这个方法，就不用再烦恼了。大家可以先在初学阶段使用这种模具，等熟悉了操作流程后，再根据个人喜好选购模具。

1 选用500毫升的牛奶包装盒，正好可以装下基本蛋糕坯的一半

将牛奶包装盒洗净并擦干，用剪刀剪下其中一面。

要是选用1000毫升的牛奶包装盒的话，包装盒会因为蛋糕坯太沉而变形，而500毫升的包装盒，正好可以装下基本蛋糕坯的一半。

2 组装好牛奶包装盒后，用胶带固定住其周围

将牛奶包装盒折叠成盒子状，并用胶带固定住其周围。用纸制的胶带即可。绕着盒子四周缠上两层胶带。

3 出炉后用剪刀剪开模具

出炉后，待其散热一段时间后，用剪刀剪开模具的四个夹角，就可以轻松地将蛋糕从中取出。

漂亮脱模的诀窍

众所周知，蛋糕的品相会严重影响味觉的享受。
因此学会如何漂亮地脱模，是至关重要的一步。
只要掌握了脱模的几个诀窍，脱模不再是问题。

■ 涂抹上黄油和面粉的模具

如果是涂抹上黄油和面粉的模具，
用小刀沿着模具内壁划一圈即可。

倾斜模具，取出蛋糕。

■ 垫上蜡纸或防粘烤盘纸的模具

首先，趁纸还未与模具内壁黏合在一起，用小刀沿着模具内壁划一圈，然后拽着露出模具两端的纸，取出蛋糕。

■ 氟碳树脂加工而成的模具

只需倾斜模具即可取出蛋糕。

往黄油蛋糕上涂抹糖浆

黄油蛋糕，一般都是在出炉后不久就将糖浆涂抹在其表面（如第68页、第73页、第87页）。糖浆趁热更易渗透，所以请在脱模之前涂抹。待热气散了之后，用保鲜膜将蛋糕包好，搁置半天以上再品尝。这样的蛋糕松软柔润，美味倍增，让人回味无穷。

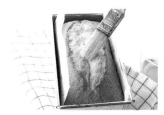

蛋糕出炉后，请在脱模之前，趁热将糖浆涂抹到表面，这样渗透会更充分。

用保鲜膜包上蛋糕后，放在室温下冷却。待其冷却后，放入冰箱内冷藏。若要品尝，请在其恢复室温后再享用。

品尝美味蛋糕的要点

蛋糕的最佳品尝时间是何时？冷却后怎么处理？保存期限有多久？不知道大家对这些了解有多少，但我可以肯定地说：大家一定想在蛋糕最美味的时候品尝。
在这里，我向大家介绍几点须知。

最佳品尝时间

咸味蛋糕：在出炉后不久或是出炉当天品尝为最佳。黄油蛋糕：待蛋糕变得松软柔润后品尝为最佳，出炉后三天的黄油蛋糕最美味。包上保鲜膜后再放入冰箱冷藏即可。

Present！（礼物）

想将蛋糕作为礼物馈赠朋友时，可以在模具内壁贴上带漂亮图案的蜡纸或防粘烤盘纸。出炉后，不用摘除烤盘纸，并在烤盘纸的外面套一个塑料袋，既简单又时尚。封上封口，再扎上蝴蝶结，就成了一份很不错的礼物。

保存期限

咸味蛋糕和黄油蛋糕放在冰箱里的保存期限各是3天和7天。如果想延长期限，请放入冷冻室保存。将蛋糕切成1厘米左右厚度的切片，包上保鲜膜，然后装入冷冻袋即可。请在两周内吃完。

用保鲜膜单独包装每个切片。

将每个切片整齐有序地放入冷冻袋。

加热·恢复至室温

加热冷藏过的咸味蛋糕时，先摘除保鲜膜，再放入微波炉中每片加热30秒，或放入烤箱中加热。放在冷冻室的蛋糕，在其解冻后，恢复室温的方法同上。冷藏或冷冻后的黄油蛋糕都请在其恢复室温后再品尝。

Part 2
咸味蛋糕

蔬菜

添加了大量蔬菜的咸味蛋糕，既新鲜夺目又健康美味，让人百吃不厌。
请大家尽情享受添加了各式蔬菜的咸味蛋糕。

Vegetable

融合了西葫芦的清新可口与辣香肠美味的一款经典蛋糕

西葫芦香肠咸味蛋糕

在将西葫芦切成圆片前，先用叉子在其表面划几道，目的是使其与面糊的融合更紧密。

拿出半根西葫芦，磨成碎末。不用挤出水分。

用小刀在香肠上斜切几道，使其更易与面糊融合。

◎ 配料（蛋糕模1个）

西葫芦——1根（150克）

辣香肠——5根

洋葱——20克

A ┌ 低筋面粉——100克
  │ 高筋面粉——50克
  └ 泡打粉——2小匙

B ┌ 鸡蛋——3个
  │ 色拉油——4大匙
  │ 盐——2撮
  └ 胡椒粉粉——少许

※添入磨成碎末的西葫芦即可，不用添加牛奶。

◎ 准备工作

• 取一段3厘米长的西葫芦，将它切成5毫米厚的圆薄片。再将剩下的西葫芦磨成碎末。

• 提前1小时从冰箱内取出鸡蛋，使其恢复至室温。

• 把A组粉掺在一起，并过筛。（取出1大匙留作备用）

• 准备好模具（参照第12页），预热烤箱。

● 制作方法

1. 取其中3根香肠，将其切成1厘米厚的圆片，再用小刀在剩下的香肠上斜切几道。将洋葱切成碎末。

2. 将鸡蛋打入搅拌盆中，并用打蛋器充分搅拌，再加入切成碎末的西葫芦，然后按顺序加入色拉油、盐、胡椒粉，再次搅拌。

3. 将A组粉筛入步骤2的搅拌盆中，一边转动搅拌盆，一边用橡皮刮刀从盆底开始搅拌。再加入涂抹上A组备用面粉的洋葱、切成薄片的香肠，轻轻搅拌后，放入模具中。拿起模具，使其从5厘米的高度下落2次，以排除气泡。

4. 放入烤箱，180℃烘烤10分钟后取出，装饰上切成薄片的西葫芦和斜切过的香肠。

5. 再放回烤箱，170℃烘烤25～30分钟。

6. 出炉后趁热脱模，然后放在冷却网上冷却。

让人回味无穷的一款蛋糕。醇香甜美的牡蛎与清香爽口的芝麻叶的完美结合。

芝麻叶牡蛎咸味蛋糕

◎ 配料(半圆槽型模2个)

芝麻叶——10克

牡蛎——12只

盐、胡椒粉、高筋面粉——各适量

色拉油——1大匙

红辣椒——1/2个

酒——1大匙

酱油——1小匙

砂糖——1小匙

A
低筋面粉——100克
高筋面粉——50克
泡打粉——2小匙

B
鸡蛋——3个
色拉油——4大匙
牛奶——2大匙
盐——2撮
胡椒粉——少许

◉ 准备工作

● 提前1小时从冰箱取出鸡蛋,使其恢复至室温。

● 将A组粉掺在一起并过筛(取出1大匙留作备用)。

● 准备好模具(参照第12页),预热烤箱。

● 制作方法

1. 将牡蛎浸泡在盐水(分量外)中,洗净后用纸巾拭去其表面水分,再敷上一层薄薄的盐、胡椒粉和高筋粉。

2. 将色拉油和去了籽的红辣椒放入炒锅,用小火炒一会儿后,放入牡蛎,炒至其软嫩暄腾即可。

3. 再将酒、酱油、砂糖加入炒锅,炒至水分消失,即可停火,然后放在室温下冷却。

4. 将B组的鸡蛋打入搅拌盆中,并用打蛋器充分搅拌,再按顺序加入色拉油、牛奶、盐、胡椒粉,再次搅拌。

5. 将A组粉筛入搅拌盆中,一边转动搅拌盆,一边用橡皮刮刀从盆底拌起。在模具底部铺上一层芝麻叶后,舀入一层面糊,使底部的面糊厚达1厘米。再放入涂抹上备用面粉的牡蛎,添入剩余的面糊。然后将剩余芝麻叶装饰在其表面。拿起模具,使其从5厘米的高度下落2次,以排除气泡。

6. 放入烤箱,180℃烘烤10分钟后,将温度调到170℃,再烘烤15分钟。

7. 出炉后趁热脱模,然后放在冷却网上冷却。

这是一款意大利风味蛋糕。鲜嫩甜美的罗勒、美味诱人的鳀鱼、色泽鲜艳的小番茄，真可谓色香味俱全。

鳀鱼番茄咸味蛋糕

◎ 配料(蛋糕模1个)

红黄圣女果——各5个

鳀鱼——4片

比萨专用奶酪(切成细长条)——20克

A
低筋面粉——100克
高筋面粉——50克
泡打粉——2小匙

B
鸡蛋——3个
罗勒青酱※——4大匙
牛奶——2大匙
盐——2撮
胡椒粉——少许

◉ 准备工作

● 提前1小时从冰箱内取出鸡蛋，使其恢复至室温。

● 将A组粉掺在一起并过筛。

● 准备好模具(参照第12页)，预热烤箱。

┄┄ ※罗勒青酱的配料与制作方法 ┄┄

使用市面上的罗勒青酱也可，但是亲手制作的罗勒青酱味道会更香浓。若有剩余的青酱，将它调制成糊糊状，涂抹在面包上或是吐司上，都是值得推荐的吃法。

◎ 配料(小分量)

罗勒(只要叶子)——10克
大蒜——1瓣
松子——1大匙
橄榄油——4大匙
盐——1/4小匙
干酪(粉状)——1大匙

● 制作方法

将配料放入搅拌机或食物料理机中，搅拌至糊状。用研杵研磨也可。

● 制作方法

1. 切除圣女果的果蒂并用汤匙摘除果肉中的籽后，将切成碎末的鳀鱼填塞于其中。

2. 将B组的鸡蛋打入搅拌盆中，并用打蛋器充分搅拌，再按顺序加入罗勒青酱、牛奶、盐、胡椒粉，再次搅拌。

3. 将A组粉筛入搅拌盆中，用橡皮刮刀以切的方式充分搅拌。先将1/2量的面糊舀入模具，再放入步骤1的配料，然后放入剩余的面糊。拿起模具，使其从5厘米的高度下落2次，以排除气泡。

4. 放入烤箱，180℃烘烤10分钟后取出，用小刀在中间切开，然后撒上奶酪丝。

5. 再放回烤箱，烘烤25～30分钟。

6. 出炉后趁热脱模，然后放在冷却网上冷却。

由青椒肉盒、茄盒做成的蛋糕，颇有人气。无论哪种肉盒，都让人赞不绝口！

肉盒咸味蛋糕

◎ 配料（牛奶包装盒模1个）

※青椒·香菇·茄子做成的肉盒——各1个

A ┌ 低筋面粉——50克
  │ 高筋面粉——25克
  └ 泡打粉——1小匙

B ┌ 鸡蛋——1个
  │ 色拉油——2大匙
  │ 牛奶——1大匙
  │ 盐——1撮
  └ 胡椒粉——少许

比萨专用奶酪——适量

◉ 准备工作

● 提前1小时从冰箱内取出鸡蛋，使其恢复至室温。

● 将A组粉掺在一起，并过筛（取出1大匙备用）。

● 准备好模具（参照第12页），预热烤箱。

● 制作方法

1. 将B组鸡蛋打入搅拌盆中，并用打蛋器充分搅拌，再按顺序加入色拉油、牛奶、盐、胡椒粉，再次搅拌。

2. 将A组粉筛入搅拌盆中，用橡皮刮刀以切的方式充分搅拌。然后将1/2量的面糊舀入模具。

3. 将涂抹上备用面粉的肉盒塞入面糊。再添入剩余的面糊。拿起模具，使其从5厘米的高度下落2次，以排除气泡。

4. 装饰上比萨专用奶酪后，放入烤箱，180℃烘烤30分钟左右。

5. 出炉后，不用脱模，直接放在冷却网上冷却。

将肉盒用力塞入面糊。

※肉盒的配料与制作方法

往青椒、香菇、茄子里灌的肉馅，生熟都可。

◎ 配料（小分量）

青椒——1个
香菇——2个
小茄子——1个

A ┌ 猪肉末——60克
  │ 切成碎末的洋葱——10克
  │ 盐、胡椒粉——少许
  │ 鸡蛋——1/2个
  └ 香菇粉——适量

在蔬菜上撒上香菇粉是为了使蔬菜和肉馅更好地粘在一起。

● 制作方法

将A组配料放入搅拌盆中充分搅拌。将香菇粉涂抹在去了籽的青椒、去了柄的香菇、对半儿切开的茄子上，然后将拌好的肉馅灌入其中。

熏肉＋鸡蛋的经典组合，再配以绿色蔬菜作为点缀，人气颇高，让人百吃不厌。

西兰花鸡蛋咸味蛋糕

◎ 配料（迷你椭圆形模6个）

西兰花——1/8棵（50克）

芦笋——3根

煮好的鹌鹑蛋——6个

熏肉——6片

A ┌ 低筋面粉——100克
  │ 高筋面粉——50克
  └ 泡打粉——2小匙

B ┌ 鸡蛋——3个
  │ 色拉油——4大匙
  │ 牛奶——2大匙
  │ 盐——2撮
  └ 胡椒粉——少许

● 准备工作

• 提前1小时从冰箱内取出鸡蛋，使其恢复至室温。

• 将A组粉掺在一起，并过筛。

• 准备好模具（参照第12页），预热烤箱。

● 制作方法

1. 将西兰花和芦笋放入加了盐的开水里煮，煮到蔬菜变软为止，然后放在室温下冷却。

2. 将B组的鸡蛋打入搅拌盆中，并用打蛋器充分搅拌，再按顺序放入色拉油、牛奶、盐、胡椒粉，再次搅拌。

3. 将A组粉筛入搅拌盆中，用橡皮刮刀以切的方式充分搅拌。在模具内壁贴上一层熏肉后，舀入1/2量的面糊。

4. 将西兰花和芦笋插入面糊中，再加入剩余的面糊。然后装饰上鹌鹑蛋。拿起模具，使其从5厘米的高度下落2次。

5. 放入烤箱，170℃烘烤25分钟左右。

6. 出炉后，立即脱模将其取出，然后放在冷却网上冷却。

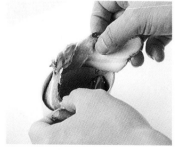

在模具内壁贴上一层熏肉，熏肉烤出的油可以润滑模子，方便蛋糕脱模。

将1/2量的面糊舀入模具后，将西兰花和芦笋插进面糊，然后再加入剩余的面糊。

鲜美嫩滑的蘑菇，再配以大蒜和辣椒，可谓风味独特。

蘑菇咸味蛋糕

◎ 配料(蛋糕模1个)

香菇、口蘑、杏鲍菇、舞茸、松伞蘑
（随个人喜好选择菌类）
——共计100克
大蒜——1瓣
红辣椒——1个
橄榄油——1大匙
盐、胡椒粉——各少许

A
┌ 低筋面粉——100克
│ 高筋面粉——50克
└ 泡打粉——2小匙

B
┌ 鸡蛋——3个
│ 色拉油——4大匙
│ 汤汁（水也可）——1大匙
│ 酱油——1小匙
│ 甜料酒——1小匙
└ 胡椒粉——少许

◉ 准备工作

● 提前1小时从冰箱内取出鸡蛋，使其恢复至室温。

● 将A组粉掺在一起，并过筛（取出1大匙备用）。

● 准备好模具（参照第12页），预热烤箱。

● 制作方法

1. 将敲碎了的大蒜、去了籽儿的红辣椒、橄榄油放入炒锅中，用中小火加热，等闻到大蒜的香味时，再放入菌类（要切成大小合适的片）。炒至菜与油完全融合的时候，再放入盐、胡椒粉。盛在搪瓷盆里，并使其均匀铺开，放在室温下冷却。将备用面粉涂抹到菜上。

2. 将B组的鸡蛋打入搅拌盆中，并用打蛋器充分搅拌，再按顺序加入色拉油、汤汁、酱油、甜料酒、胡椒粉，再次搅拌。

3. 将A组粉筛入搅拌盆中，用橡皮刮刀以切的方式充分搅拌。再加入步骤1的菜，一边转动搅拌盆，一边用橡皮刮刀从盆底拌起。然后放入模具。拿起模具，让模具从5厘米的高度下落2次，以排除气泡。

4. 放入烤箱，180℃烘烤10分钟后取出，用小刀在中间切开，再放回烤箱，170℃烘烤25～30分钟。

5. 出炉后，立即脱模将其取出，然后放在冷却网上冷却。

等闻到大蒜的香味后，再将菌类放入炒锅。

待菌类炒至柔软嫩滑，用筷子夹出锅中的红辣椒。

微辣清淡的咖喱与香滑爽口的牛油果，可谓经典绝配。

鱼糕咸味蛋糕

◎ 配料（蛋糕模1个）

牛油果——1个

柠檬汁——1个柠檬量

鱼糕——40克

A	低筋面粉——100克 高筋面粉——50克 泡打粉——2小匙 咖喱粉——1大匙
B	鸡蛋——3个 色拉油——4大匙 牛奶——2大匙 胡椒粉——少许

◉ 准备工作

• 提前1小时从冰箱内取出鸡蛋，使其恢复至室温。

• 将A组粉掺在一起，并过筛（提取1大匙备用）。

• 准备好模具（参照第12页），预热烤箱。

● 制作方法

1. 将牛油果对半切开，摘除果核，将其中一半切成1.5厘米厚的角状，再将另一半切成6～7毫米厚的薄片（装饰用）并撒上柠檬汁。将鱼糕切成细丝。

2. 将B组的鸡蛋打入搅拌盆中，并用打蛋器充分搅拌，再按顺序加入色拉油、牛奶、胡椒粉，再次搅拌。

3. 将A组粉筛入搅拌盆中，用橡皮刮刀以切的方式充分搅拌。将备用面粉涂抹到切成1.5厘米角状的牛油果和鱼糕上后，倒入搅拌盆中，一边转动搅拌盆，一边用橡皮刮刀从盆底拌起。放入模具，装饰上切成6～7毫米的牛油果。拿起模具，使其从5厘米的高度下落2次，以排除气泡。

4. 放入烤箱，180℃烘烤10分钟后，再把烤箱温度调到170℃，烘烤25～30分钟。

5. 出炉后，立即脱模将其取出，然后放在冷却网上冷却。

香味浓厚的韭菜，再配以营养丰富的虾干和扇贝罐头，既简便又美味。

韭菜龙虾咸味蛋糕

◎ 配料（迷你蛋糕模4个）

韭菜——20克

龙虾——20克

扇贝罐头——1小罐（70克装）

A
低筋面粉——100克
高筋面粉——50克
泡打粉——2小匙

B
鸡蛋——3个
色拉油——4大匙
扇贝罐头汁※——2大匙
盐——2撮
胡椒粉——少许

※放入罐头汁即可，不用放牛奶。

◉ 准备工作

● 提前1小时从冰箱内取出鸡蛋，使其恢复至室温。

● 将A组粉掺在一起，并过筛（提取1大匙备用）。

● 准备好模具（参照第12页），预热烤箱。

● 将扇贝罐头里的扇贝和汁液分开。

● 制作方法

1. 将韭菜切成1厘米长的段。

2. 将B组的鸡蛋打入搅拌盆中，并用打蛋器充分搅拌，再按顺序加入色拉油、扇贝罐头汁、盐、胡椒粉，再次搅拌。

3. 将A组粉筛入搅拌盆中，用橡皮刮刀以切的方式充分搅拌。加入涂抹备用面粉和步骤1的韭菜、龙虾和扇贝，搅拌均匀后放入模具内。拿起模具，使其从5厘米的高度下落2次，以排除气泡。

4. 放入烤箱，180℃烘烤10分钟后取出，用小刀在中间切开。

5. 再放回烤箱，170℃烘烤15分钟左右。

6. 出炉后，立即脱模将其取出，然后放在冷却网上冷却。

肉

添加了肉类的蛋糕,口感劲道有嚼头。

若配以不同的作料,蛋糕的风味也会随之一变,从洋式到和式、中式,可以随意变化,其乐无穷。

Meat

老少皆宜的一款人气蛋糕。鲜香无比的咖喱香味是其决胜的秘诀。

肉末豌豆咸味蛋糕

空出炒锅的中间部分,添加咖喱粉,炒至其香味溢出即可。

炒完后,盛在搪瓷盆上。预先在搪瓷盆上垫一层纸巾,用来吸收肉末的油脂。

◎ 配料(蛋糕模1个)

肉末(猪肉)——100克

蒜末——1小匙

洋葱末——20克

青豌豆(水煮)——30克

番茄干——10克

(若番茄干过硬,提前放入水中浸泡)

色拉油——1/2大匙

番茄酱——1大匙

咖喱粉——1小匙

盐、胡椒粉——各少许

A {
低筋面粉——100克
高筋面粉——50克
泡打粉——2小匙
}

B {
鸡蛋——3个
色拉油——4大匙
牛奶——2大匙
盐——2撮
胡椒粉——少许
}

◎ 准备工作

● 提前1小时从冰箱内取出鸡蛋,使其恢复至室温。

● 将A组粉掺在一起,并过筛。

● 准备好模具(参照第12页),预热烤箱。

● 制作方法

1. 将色拉油倒入炒锅中,用中火加热,放入蒜末、洋葱末,炒至洋葱变成半透明状后,再加入肉末,炒至肉末颜色发生变化为止。空出炒锅的中间部分,筛入咖喱粉,稍微炒一下。

2. 添入番茄酱、盐、胡椒粉调味,再用木铲边搅拌边炒,炒至水分变干为止,然后将其盛在搪瓷盆里,放在室温下冷却。

3. 将B组的鸡蛋打入搅拌盆中,并用打蛋器充分搅拌,再按顺序加入色拉油、牛奶、盐、胡椒粉,再次搅拌。

4. 将A组粉筛入搅拌盆,用橡皮刮刀以切的方式充分搅拌。再加入青豌豆、切成碎末的番茄干,并搅拌均匀。然后放入模具。拿起模具,使其从5厘米的高度下落2次,以排除气泡。

5. 放入烤箱,180℃烘烤10分钟后取出,用小刀在中间切开。

6. 放回烤箱,170℃烘烤25～30分钟。

7. 出炉后,立即脱模将其取出,然后放在冷却网上冷却。

松脆嫩滑的鸡排包裹着香滑可口的奶酪风味蛋糕。

鸡肉紫菜末咸味蛋糕

◎ 配料（蛋糕模1个）

鸡胸排※——2个

A ┌ 低筋面粉——100克
  │ 高筋面粉——50克
  └ 泡打粉——2小匙

紫菜末——1/2大匙

B ┌ 鸡蛋——3个
  │ 色拉油——4大匙
  │ 牛奶——2大匙
  │ 盐——2撮
  └ 胡椒粉——少许

※鸡胸排的配料与制作方法

◎ 配料（小分量）

鸡胸脯肉——2片
调味奶酪——20克
盐、胡椒粉——各少许
小麦粉、鸡蛋、面包屑——各适量
色拉油——适量

● 制作方法

1. 将鸡胸脯肉切开，放入奶酪后再合上。再按顺序撒上添加过盐和胡椒粉的小麦粉、拌匀的鸡蛋、面包屑。

2. 放入炒锅，用色拉油炸成鸡排，然后放在室温下冷却。

将鸡胸脯肉从侧面对半切开，放入奶酪后再合上。

◉ 准备工作

• 提前1小时从冰箱内取出鸡蛋，使其恢复至室温。

• 将A组粉掺在一起并过筛。

• 准备好模具（参照第12页），预热烤箱。

● 制作方法

1. 将B组的鸡蛋打入搅拌盆中并用打蛋器充分搅拌，再按顺序加入色拉油、牛奶、盐、胡椒粉，再次搅拌。

2. 将A组粉筛入搅拌盆中，用橡皮刮刀以切的方式充分搅拌。加入紫菜，拌匀。将1/2量的面糊舀入模中，竖着放入鸡排后，加入剩余的面糊。拿起模具，使其从5厘米的高度下落2次，以排除气泡。

3. 放入烤箱，180℃烘烤10分钟后取出，用小刀在中间切开，再放入烤箱。

4. 将烤箱温度调至170℃，再烘烤25～30分钟。

5. 出炉后趁热脱模，然后放在冷却网上冷却。

待面糊搅拌成光滑状后，加入紫菜末并搅拌。请注意不要拌出面筋。

放入1/2量的面糊后，竖着放入2块鸡排。

融合了腊肠的咸味与无花果的甜味的拼盘式蛋糕。

腊肠无花果咸味蛋糕

◎ 配料（蛋糕模1个）

腊肠——30克

无花果——2个

A ┌ 低筋面粉——100克
  │ 高筋面粉——50克
  └ 泡打粉——2小匙

B ┌ 鸡蛋——3个
  │ 色拉油——4大匙
  │ 牛奶——2大匙
  │ 盐——2撮
  └ 胡椒粉——少许

比萨专用奶酪——适量

◉ 准备工作

● 提前1小时从冰箱内取出鸡蛋，使其恢复至室温。

● 将A组粉掺在一起并过筛（取出1大匙备用）。

● 准备好模具（参照第12页），预热烤箱。

● 制作方法

1. 将无花果切成四等分的月牙形，然后用腊肠卷上。

2. 将B组的鸡蛋打入搅拌盆中，并用打蛋器充分搅拌，再按顺序加入色拉油、牛奶、盐、胡椒粉，再次搅拌。

3. 将A组粉筛入搅拌盆中，用橡皮刮刀以切的方式充分搅拌后，将1/2量的面糊添入模具。

4. 将备用面粉和步骤1的腊肠卷放入模具，再加入剩余的面糊。拿起模具，使其从5厘米的

高度下落2次，以排除气泡。

5. 放入烤箱，180℃烘焙10分钟后取出，用小刀在中间切开。

6. 装饰上比萨专用奶酪，再放回烤箱，170℃烘焙25～30分钟。

7. 出炉后趁热脱模，然后放在冷却网上冷却。

由香飘四溢的牛肉与香甜爽口的卷心菜搭配而成的满分蛋糕。

卷心菜牛肉咸味蛋糕

◎ 配料(圆模＋蜡纸 8个)

卷心菜——40克

咸牛肉（罐装）——50克

番茄酱——1小匙

盐、胡椒粉——各少许

A
- 低筋面粉——100克
- 高筋面粉——50克
- 泡打粉——2小匙

B
- 鸡蛋——3个
- 色拉油——4大匙
- 牛奶——2大匙
- 盐——2撮
- 胡椒粉——少许

调味干酪——50克

◉ 准备工作

• 提前1小时从冰箱内取出鸡蛋，使其恢复至室温。

• 将A组粉掺在一起并过筛（取出1大匙留做备用）。

• 准备好模具（参照第12页），预热烤箱。

● 制作方法

1. 用小火加热炒锅，放入咸牛肉并用木铲翻炒，再加入切成碎末的卷心菜，炒至卷心菜变软后，放入番茄酱、盐、胡椒粉调味，然后放在室温下冷却。将调味干酪切成1厘米厚的角状。

2. 将B组的鸡蛋打入搅拌盆并用打蛋器充分搅拌，再按顺序加入色拉油、牛奶、盐、胡椒粉，再次搅拌。

3. 将A组粉筛入搅拌盆中，用橡皮刮刀以切的方式充分搅拌。再将备用面粉和步骤1的菜放入盆中，边转动搅拌盆边从盆底拌起。

4. 将面糊舀入模中，拿起模具，使其从5厘米的高度下落2次，以排除气泡。

5. 放入烤箱，180℃烘烤25分钟。

6. 出炉后趁热脱模，然后放在冷却网上冷却。

香味独特、略带辣味的生姜，具有使人神清气爽、食欲大增的神奇作用。

酱牛肉咸味蛋糕

◎ 配料（蛋糕模1个）

酱牛肉※——80克

生姜——3片

A ┌ 低筋面粉——100克
  │ 高筋面粉——50克
  └ 泡打粉——2小匙

B ┌ 鸡蛋——3个
  │ 色拉油——4大匙
  │ 牛奶——2大匙
  │ 盐——2撮
  └ 胡椒粉——少许

◎ 准备工作

• 提前1小时从冰箱内取出鸡蛋，使其恢复至室温。

• 将A组粉掺在一起并过筛。

• 准备好模具（参照第12页），预热烤箱。

┌ **※酱牛肉的配料与制作方法** ┐

◎ 配料（小分量）

切成小块的牛肉——100克

牛蒡（切成细丝）——30克

胡萝卜（切成细丝）——30克

生姜（切成碎末）——少许

色拉油——1/2大匙

A ┌ 汤汁——1/4杯
  │ 酱油——1大匙
  │ 砂糖——1大匙
  │ 甜料酒——2小匙
  └ 黄酱（中辣）——1大匙

● 制作方法

1. 将色拉油放入炒锅并用中火加热，先放入生姜、牛蒡、胡萝卜翻炒，再放入牛肉，炒至牛肉变色。

2. 加入A组配料，炒至水分变干即可停火，然后放在室温下冷却。

● 制作方法

1. 将B组的鸡蛋打入搅拌盆中，并用打蛋器充分搅拌。再按顺序加入色拉油、牛奶、盐、胡椒粉，再次搅拌。

2. 将A组粉筛入搅拌盆中，用橡皮刮刀以切的方式充分搅拌。再加入切成薄片的酱牛肉和生姜片，一边转动搅拌盆，一边用橡皮刮刀从盆底拌起。充分搅拌后将面糊舀入模中，拿起模具，使其从5厘米的高度下落2次，以排除气泡。

3. 放入烤箱，180℃烘烤10分钟后取出，用小刀在中间切开。

4. 再放回烤箱，170℃烘烤25～30分钟。

5. 出炉后趁热脱模，然后放在冷却网上冷却。

添加了芝麻油与杂粮粉的中式蛋糕，芳香怡人，清新润滑。

叉烧肉榨菜咸味蛋糕

◎ 配料（蛋糕模1个）

叉烧肉——60克
榨菜——20克
大葱——1棵
芝麻油——1/2大匙

A
低筋面粉——100克
杂粮粉※——50克
泡打粉——2小匙

B
鸡蛋——3个
色拉油——4大匙
胡椒粉——少许

※因杂粮粉吸水性差，不用添加牛奶。

◉ 准备工作

• 提前1小时从冰箱内取出鸡蛋，使其恢复至室温。
• 将A组粉掺在一起并过筛（取出1大匙留做备用）。
• 准备好模具（参照第12页），预热烤箱。

● 制作方法

1. 将芝麻油放入炒锅，用中火加热，放入切成碎末的榨菜翻炒一会后，再加入切成小段的2/3棵大葱。炒至大葱变软即可。将50克的叉烧肉切成1厘米的角状，加入锅中，并稍微搅拌一下，然后放在室温下冷却。

2. 将B组的鸡蛋打入搅拌盆中并用打蛋器充分搅拌，再按顺序加入色拉油、胡椒粉，再次搅拌。

3. 将A组粉筛入搅拌盆中，用橡皮刮刀以切的方式充分搅拌。再加入备用面粉和步骤1的菜，一边转动搅拌盆，一边从盆底拌起。充分搅拌后将面糊倒入模中。然后将剩余的1/3棵大葱和10克榨菜切成薄片，装饰在其表面。拿起模子，使其从5厘米的高度下落2次，以排除气泡。

4. 放入烤箱，180℃烘烤10分钟后取出，用小刀在中间切开，再放回烤箱，170℃烘烤25～30分钟。

5. 出炉后趁热脱模，然后放在冷却网上冷却。

海鲜类

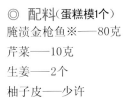

金枪鱼、扇贝这类海鲜，味道鲜美、肉质细嫩、营养丰富，是咸味蛋糕的最佳配料。同时，也很适合做下酒菜。

Seafood

腌渍金枪鱼与胡椒粉是本蛋糕的亮点。

金枪鱼芹菜咸味蛋糕

◎ **配料**（蛋糕模1个）

腌渍金枪鱼※——80克

芹菜——10克

生姜——2个

柚子皮——少许

A | 低筋面粉——100克
高筋面粉——50克
泡打粉——2小匙

B | 鸡蛋——3个
色拉油——4大匙
牛奶——2大匙
胡椒粉——1/4小匙

待涂抹上调味料的金枪鱼表面的汁液渗透后，放在烤架上烤至金黄色，然后放在室温下冷却。

◉ **准备工作**

● 提前1小时从冰箱内取出鸡蛋，使其恢复至室温。

● 将A组粉掺在一起并过筛（提取1大匙留做备用）。

● 准备好模具（参照第12页），预热烤箱。

※腌渍金枪鱼的配料与制作方法

◎ 配料

金枪鱼（红色）——80克

A | 酱油、酒——各1大匙
姜汁——1小匙

● 制作方法

将金枪鱼放在A中腌渍2小时至半天。

把金枪鱼切成细长状，并排放在面糊上。

● **制作方法**

1. 将腌渍过的金枪鱼放在烤架上烤至金黄色，放在室温下冷却。冷却后，将它切成4条棒状。

2. 将B组的鸡蛋打入搅拌盆中并用打蛋器充分搅拌，再按顺序加入色拉油、牛奶、胡椒粉，再次搅拌。

3. 将A组粉筛入搅拌盆，用橡皮刮刀以切的方式充分搅拌。再放入切成大块的芹菜和柚子皮、切成薄片的生姜（1片）。

4. 将1/3量的面糊舀入模中，并排放入2条涂抹了备用面粉的金枪鱼。再按顺序放入1/3量的面糊、剩余的金枪鱼、剩余的面糊。拿起模具，使其从5厘米的高度下落2次，以排除气泡。

5. 放入烤箱，180℃烘烤10分钟后拿出，用小刀在中间切开。

6. 装饰上对半切开的生姜，放回烤箱，170℃烘烤25～30分钟。

7. 出炉后趁热脱模，然后放在冷却网上冷却。

在绿莹莹的蛋糕坯上装饰着扇贝的小蛋糕，精致可爱，美味诱人！

扇贝菠菜咸味蛋糕

◎ 配料（圆模＋蜡纸8个）
干贝——4个
盐、胡椒粉、高筋面粉
——各少许

A
低筋面粉——100克
高筋面粉——50克
泡打粉——2小匙

B
鸡蛋——3个
色拉油——4大匙
盐——2撮
胡椒粉——少许
菠菜泥——2大匙

※加入菠菜泥即可，不用加牛奶。

★菠菜泥的制作方法

◎ 配料（小分量）
菠菜——100克
盐——少许

● 制作方法
将去了茎的菠菜叶放入烧开的盐水中焯一遍，并放在室温下冷却。把菠菜叶撕碎，再放入食物料理机或搅拌机中搅拌成泥状。若搅拌机转动困难，请添点水。

将菠菜的茎摘除，只用菠菜叶部分。

用食物料理机或搅拌机将菠菜搅拌成泥状。若没有机器，将菠菜切成碎末，再用菜刀拍打（菜泥中的小颗粒可以给面糊着色）。

◉ 准备工作
• 提前1小时从冰箱内取出鸡蛋，使其恢复至室温。
• 将A组粉掺在一起并过筛。
• 准备好模具（参照第12页），预热烤箱。

● 制作方法
1. 将扇贝从侧面对半切开，涂抹上盐、胡椒粉、高筋面粉后，放入锅中用黄油煎炒，然后放在室温下冷却。
2. 将B组的鸡蛋打入搅拌盆中，并用打蛋器充分搅拌。再按顺序加入色拉油、盐、胡椒粉，再次搅拌。然后加入菠菜泥※。
3. 将A组粉筛入搅拌盆中，用橡皮刮刀以切的方式充分搅拌。充分搅拌后，将面糊舀入模中。拿起模具，使其从5厘米的高度下落2次，以排除气泡。将扇贝装饰在其表面。
4. 放入烤箱，180℃烘烤20～25分钟。
5. 出炉后，趁热脱模取出，然后放在冷却网上冷却。

用黄油煎炒扇贝至略带焦黄色即可，放在室温下冷却。

Seafood

腌黄瓜丁的酸味衬托出烟熏肉的无比鲜美。

烟熏鲑鱼咸味蛋糕

◎ 配料(细长型模1个)

烟熏鲑鱼——50克

腌黄瓜丁——2大匙

切成碎末的洋葱——3大匙

A ┌ 低筋面粉——100克
  │ 高筋面粉——50克
  └ 泡打粉——2小匙

B ┌ 鸡蛋——3个
  │ 色拉油——4大匙
  │ 牛奶——2大匙
  │ 盐——2撮
  └ 胡椒粉——少许

◉ 准备工作

● 提前1小时从冰箱内取出鸡蛋,
使其恢复至室温。

● 将A组粉掺在一起并过筛（取
出1大匙留作备用）。

● 准备好模具（参照第12页）,
预热烤箱。

● 制作方法

1. 将B组的鸡蛋打入搅拌盆中
并用打蛋器充分搅拌,再按顺
序加入色拉油、牛奶、盐、胡椒
粉,再次搅拌。

2. 将A组粉筛入搅拌盆中,用橡
皮刮刀以切的方式充分搅拌。
再将1/3量的面糊舀入模具。

3. 将备用面粉涂抹到腌黄瓜丁、
切成碎末的洋葱上。

4. 将步骤3的1/2量放入模中,
再放上1/2量的烟熏鲑鱼,然后
按顺序加入1/3量的面糊、步骤
3剩余配料、烟熏鲑鱼、面糊。

5. 拿起模具,使其从5厘米的高
度下落2次,以排除气泡。

6. 放入烤箱,180℃烘烤10分钟
后取出,用小刀在中间切开。

7. 把烤箱温度调到170℃,再烘

烤25～30分钟。

8. 出炉后趁热脱模,然后放在
冷却网上冷却。

香浓细滑的奶酪和风味独特的蛋黄酱使鲜虾更加美味。

鲜虾奶酪咸味蛋糕

◎ 配料(贝壳形模8个)

鲜虾(中等大小)——16条

比萨专用奶酪(切成细长状)——40克

蛋黄酱——2大匙

切成碎末的洋葱——20克

A
- 低筋面粉——100克
- 高筋面粉——50克
- 泡打粉——2小匙

B
- 鸡蛋——3个
- 色拉油——4大匙
- 牛奶——2大匙
- 盐——2撮
- 胡椒粉——少许

◉ 准备工作

● 提前1小时从冰箱内取出鸡蛋,使其恢复至室温。

● 将A组粉掺在一起并过筛(取出1大匙留作备用)。

● 准备好模具(参照第12页),预热烤箱。

● 制作方法

1. 将B组的鸡蛋打入搅拌盆中并用打蛋器充分搅拌,再按顺序加入色拉油、牛奶、盐、胡椒粉。

2. 将A组粉筛入搅拌盆中,用橡皮刮刀以切的方式充分搅拌。放入切成碎末的洋葱,一边转动搅拌盆,一边从盆底拌起。将等量的面糊舀入每个模具后,拿起模具,使其从5厘米的高度下落2次,以排除气泡。

3. 装饰上涂抹了备用面粉的鲜虾(每个模具放1对虾)。放入烤箱,

180℃烘烤10分钟后取出,涂上蛋黄酱和奶酪。

4. 再放回烤箱,170℃烘烤15分钟左右。

5. 出炉后,趁热脱模,然后放在冷却网上冷却。

Seafood

此款蛋糕加入了用芝麻油炒的小鲱鱼和油菜，极具家庭风味。

小鲱鱼油菜咸味蛋糕

◎ 配料（蛋糕模1份）

小鲱鱼——30克

油菜——100克

芝麻油——1大匙

盐、胡椒粉——各少许

A
低筋面粉——50克
玉米粉——50克
高筋面粉——50克
泡打粉——2小匙

B
鸡蛋——3个
色拉油——4大匙
牛奶——2大匙
盐——2把
胡椒粉——少许

◉ 准备工作

● 提前1小时从冰箱内取出鸡蛋，使其恢复至室温。

● 将A组粉掺在一起并过筛（取出1大匙留作备用）。

● 准备好模具（参照第12页），预热烤箱。

● 制作方法

1. 将芝麻油淋入炒锅并用中火加热，放入小鲱鱼翻炒后，再放入切成1厘米长的油菜，炒至油菜变软，然后放入盐、胡椒粉。待冷却后，涂抹上A组备用面粉。

2. 将B组鸡蛋打入搅拌盆中并用打蛋器充分搅拌，再按顺序加入色拉油、牛奶、盐、胡椒粉，再次搅拌。

3. 将A组粉筛入搅拌盆中，用橡皮刮刀以切的方式充分搅拌。

再加入步骤1的菜，一边转动搅拌盆一边从盆底拌起。充分搅拌后，舀入模中。拿起模具，使其从5厘米的高度下落2次，以排除气泡。

4. 放入烤箱，180℃烘烤10分钟后取出，用小刀在中间切开，再放回烤箱，170℃烘烤25～30分钟。

5. 出炉后趁热脱模，然后放在冷却网上冷却。

绿绿的秋葵里填塞着明太子的蛋糕，精致可爱、美味诱人。

明太子秋葵咸味蛋糕

◎ 配料(蛋糕模1个)

秋葵——8棵

辛辣明太子——60克

蛋黄酱——1/2大匙

A
- 低筋面粉——100克
- 高筋面粉——50克
- 泡打粉——2小匙

B
- 鸡蛋——3个
- 色拉油——4大匙
- 牛奶——2大匙
- 盐——2撮
- 胡椒粉——少许

◉ 准备工作

• 提前1小时从冰箱内取出鸡蛋，使其恢复至室温。

• 将A组粉掺在一起并过筛（取出1大匙留作备用）。

• 准备好模具（参照第12页），预热烤箱。

● 制作方法

1. 将撒上盐的秋葵放在砧板上，来回滚动使其去毛，洗完后包上保鲜膜。放入微波炉中加热10分钟后，放在室温下冷却。

2. 在侧面用菜刀切出一条切缝，并用汤匙取出籽儿。再将辛辣明太子和蛋黄酱混合在一起，分成几等份，分别装入秋葵中。

3. 将B组的鸡蛋打入搅拌盆中并用打蛋器充分搅拌，再按顺序加入色拉油、牛奶、盐、胡椒粉，再次搅拌。

4. 将A组粉筛入搅拌盆中，用橡皮刮刀以切的方式充分搅拌后，取其1/2的量舀入模中。

5. 将涂抹上备用面粉的6棵秋葵放入模中，再加入剩余的面糊。拿起模子，使其从5厘米的高度下落2次，以排除气泡。

6. 放入烤箱，180℃烘烤10分钟后取出，用小刀在中间切开，并装饰上剩余的秋葵。再放回烤箱，170℃烘烤25～30分钟。

7. 出炉后，趁热脱模将其取出，然后放在冷却网上冷却。

標

香辛料·熟食

打开即可食用的熟食,可以直接放入蛋糕坯中。
再配以胡椒粉等香辛料,蛋糕的味道就更有特色了。

午餐肉与镶有各色豆子的蛋糕坯,是一对经典组合。

杂豆午餐肉咸味蛋糕

◎ 配料(蛋糕模1个)

杂豆——60克

午餐肉——100克

A
- 低筋面粉——100克
- 高筋面粉——50克
- 泡打粉——2小匙

B
- 鸡蛋——3个
- 色拉油——4大匙
- 牛奶——2大匙
- 盐——2撮
- 胡椒粉——少许

◉ 准备工作

● 提前1小时从冰箱内取出鸡蛋,使其恢复至室温。

● 将A组粉掺在一起并过筛(取出1大匙留作备用)。

● 准备好模具(参照第12页),预热烤箱。

● 制作方法

1. 将1/2量的午餐肉切成5毫米厚的块状,贴在模具内壁上,再将剩余的午餐肉切成5毫米厚的角状。

2. 将B组鸡蛋打入搅拌盆中并用打蛋器充分搅拌,再按顺序加入色拉油、牛奶、盐、胡椒粉,再次搅拌。

3. 将A组粉筛入搅拌盆中,用橡皮刮刀以切的方式充分搅拌。再加入涂抹上备用面粉的豆子和角状午餐肉,一边转动搅拌盆,一边用橡皮刮刀从盆底拌起。

4. 将面糊舀入模中,拿起模具,使其从5厘米的高度下落2次,以排除气泡。

5. 放入烤箱,180℃烘烤10分钟后取出,用小刀在中间切开,再放回烤箱,170℃烘烤25～30分钟。

6. 出炉后趁热脱模,然后放在冷却网上冷却。

将午餐肉贴在模具内壁上。

待面糊搅拌成光滑状后,再放入各色豆子,一边转动搅拌盆,一边用橡皮刮刀从盆底拌起。

辛辣刺激、咸淡适中的蒜肠风味蛋糕是最好的下酒菜。

蒜肠胡椒粉咸味蛋糕

◎ 配料(迷你蛋糕模4个)

蒜肠(切成薄片)——8片

胡椒粉(颗粒状)——2大匙

A
- 低筋面粉——100克
- 高筋面粉——50克
- 泡打粉——2小匙

B
- 鸡蛋——3个
- 色拉油——4大匙
- 牛奶——2大匙
- 盐——2撮
- 胡椒粉——少许

◉ 准备工作

• 提前1小时从冰箱内取出鸡蛋,使其恢复至室温。

• 将A组粉掺在一起并过筛(取出1大匙留作备用)。

• 准备好模具(参照第12页),预热烤箱。

● 制作方法

1. 将颗粒状胡椒粉装在塑料袋里,再用纱布包好,然后用擀面杖将其敲碎。

2. 将B组鸡蛋打入搅拌盆中并用打蛋器充分搅拌,再按顺序加入色拉油、牛奶、盐、胡椒粉,再次搅拌。

3. 将A组粉筛入搅拌盆中,用橡皮刮刀以切的方式充分搅拌。再加入步骤1的胡椒粉,一边转动搅拌盆,一边用橡皮刮刀从盆底拌起。充分搅拌后,将面糊加入模具中。

4. 装饰上涂抹了A组备用面粉的蒜肠。拿起模具,使其从5厘米的高度往下落2次,以排除气泡。

5. 放入烤箱,180℃烘烤25分钟左右。

6. 出炉后趁热脱模,然后放在冷却网上冷却。

双色橄榄缔造经典美味。调味奶酪为其增色不少。

双色橄榄奶酪咸味蛋糕

◎ 配料（蛋糕模1个）

青橄榄——8颗

黑橄榄——8颗

调味奶酪——50克

A ┌ 低筋面粉——100克
  │ 高筋面粉——50克
  └ 泡打粉——2小匙

B ┌ 鸡蛋——3个
  │ 色拉油——4大匙
  │ 牛奶——2大匙
  │ 盐——2撮
  └ 胡椒粉——少许

◎ 准备工作

● 提前1小时从冰箱内取出鸡蛋，使其恢复至室温。

● 将A组粉掺在一起并过筛（取出1大匙留作备用）。

● 准备好模具（参照第12页），预热烤箱。

● 制作方法

1. 将A组备用面粉涂抹在切成1厘米厚角状的奶酪和拭去表面水分的橄榄上。

2. 将B组鸡蛋打入搅拌盆中并用打蛋器充分搅拌，再按顺序加入色拉油、牛奶、盐、胡椒粉，再次搅拌。

3. 将A组粉筛入搅拌盆中，用橡皮刮刀以切的方式充分搅拌。再加入步骤1的配料，一边转动搅拌盆，一边用橡皮刮刀从盆底拌起。

4. 充分搅拌后，将面糊加入模中，拿起模具，使其从5厘米的高度下落2次，以排除气泡。

5. 放入烤箱，180℃烘烤10分钟后取出，用小刀在中间切开，再放回烤箱，170℃烘烤25～30分钟。

6. 出炉后趁热脱模，然后放在冷却网上冷却。

肉质鲜嫩的墨鱼与清爽可口的芹菜是绝配。

墨鱼咸味蛋糕

◎ 配料(蛋糕模1个)

墨鱼干——30克

玉米（罐装）——30克

芹菜——20克

黄油——1/2大匙

盐、胡椒粉——各少许

A ┌ 低筋面粉——100克
  │ 高筋面粉——50克
  │ 泡打粉——2小匙
  │ 鸡蛋——3个
  └ 色拉油——4大匙

B ┌ 牛奶——2大匙
  │ 盐——2撮
  │ 胡椒粉——少许
  └ 芹菜叶——适量

◉ 准备工作

• 提前1小时从冰箱内取出鸡蛋，使其恢复至室温。

• 将A组粉掺在一起并过筛（取出1大匙留作备用）。

• 准备好模具（参照第12页），预热烤箱。

● 制作方法

1. 将黄油放入炒锅并用中火加热，放入切成1厘米角状的芹菜和玉米，翻炒一段时间后，再放入盐、胡椒粉调味，然后放在室温下冷却。

2. 将B组鸡蛋打入搅拌盆中并用打蛋器充分搅拌，再按顺序加入色拉油、牛奶、盐、胡椒粉，再次搅拌。

3. 将墨鱼切成小块（留少许做装饰用）。将备用面粉涂抹在切成小块的墨鱼和步骤1的配料上。

4. 将A组粉筛入搅拌盆中，用橡皮刮刀以切的方式充分搅拌。再加入步骤3的配料，一边转动搅拌盆，一边用橡皮刮刀从盆底拌起。拌匀后舀入模中。拿起模子，使其从5厘米的高度下落2次，以排除气泡。

5. 放入烤箱，180℃烘烤10分钟后取出，用小刀在中间切开。

6. 装饰上预留的墨鱼和芹菜叶后，再放回烤箱，170℃烘烤25～30分钟。

7. 出炉后趁热脱模，然后放在冷却网上冷却。

将墨鱼切成小块，是为了增加其与面糊的融合度，同时也方便食用。

炒芹菜和玉米时，炒至水分变干即可，然后放在室温下冷却。

海带的鲜美与咸味，烘托出此款蛋糕的与众不同。

海带咸味蛋糕

◎ 配料(蛋糕模1个)

海带——5克

卷心菜、胡萝卜——各30克

烤肠——20克

色拉油——1/2大匙

胡椒粉——少许

A
┌ 低筋面粉——100克
├ 高筋面粉——50克
└ 泡打粉——2小匙

B
┌ 鸡蛋——3个
├ 色拉油——4大匙
├ 牛奶——2大匙
├ 盐——2撮
└ 胡椒粉——少许

◉ 准备工作

● 提前1小时从冰箱内取出鸡蛋，使其恢复至室温。

● 将A组粉掺在一起并过筛（取出1大匙留作备用）。

● 准备好模具（参照第12页），预热烤箱。

● 制作方法

1. 将色拉油放入炒锅并用中火加热，按顺序加入胡萝卜、烤肠、卷心菜翻炒。再放入切成碎末的海带，加点胡椒粉调味。然后放在室温下冷却。

2. 将B组鸡蛋打入搅拌盆中并用打蛋器充分搅拌，再按顺序加入色拉油、牛奶、盐、胡椒粉，再次搅拌。

3. 将A组粉筛入搅拌盆中，用橡皮刮刀以切的方式充分搅拌。再加入备用面粉和步骤1的菜，

一边转动搅拌盆，一边用橡皮刮刀从盆底拌起。拌匀后舀入模中。

4. 拿起模子，使其从5厘米的高度下落2次，以排除气泡。

5. 放入烤箱，180℃烘烤10分钟后取出，用小刀在中间切开，再放回烤箱，170℃烘烤25～30分钟。

6. 出炉后趁热脱模，然后放在冷却网上冷却。

混合了三种特色腌菜的蛋糕,松脆可口、让人百吃不厌。

腌菜咸味蛋糕

◎ 配料(蛋糕模1个)
腌萝卜、腌紫苏、腌芜菁(切成
2～3毫米的碎末)——各30克
糙米——2大匙

A
- 低筋面粉——100克
- 高筋面粉——50克
- 泡打粉——2小匙

B
- 鸡蛋——3个
- 色拉油——4大匙
- 牛奶——2大匙
- 盐——2撮
- 胡椒粉——少许

◉ 准备工作
● 提前1小时从冰箱内取出鸡蛋,
使其恢复至室温。
● 将A组粉掺在一起并过筛(取
出1大匙留作备用)。
● 准备好模具(参照第12页),
预热烤箱。

● 制作方法
1. 将B组鸡蛋打入搅拌盆中并
用打蛋器充分搅拌,再按顺序
加入色拉油、牛奶、盐、胡椒粉,
再次搅拌。
2. 将A组粉筛入搅拌盆,用橡皮
刮刀以切的方式充分搅拌。再
加入涂抹上备用面粉的腌菜,
一边转动搅拌盆,一边用橡皮
刮刀从盆底拌起。
3. 将步骤2的面糊加入模中,拿
起模具,使其从5厘米的高度下
落2次,以排除气泡。
4. 放入烤箱,180℃烘烤10分钟

后取出,用小刀从中间切开,撒上糙
米。再放回烤箱,170℃烘烤25～
30分钟。
5. 出炉趁热脱模,然后放在冷却
网上冷却。

Spice, processed food

咸味蛋糕营造西餐氛围

稍微搭配、组合一下，浪漫优雅的西餐氛围就呈现在您的眼前了。

可以尝试着做三明治、沙拉，也可以根据个人喜好进行各种各样的搭配。

两片咸味蛋糕间，可放上各种各样的配料，如：肉、蔬菜、奶酪。选择配料时最好考虑一下食物之间是否相融的问题，这样健康与美味方可兼收。

三明治

● **制作方法** 将咸味蛋糕切成8毫米厚的薄片，然后在两片薄片间，放上莴苣、火腿肠、烟熏鲑鱼。

Happy Arrange

将放上奶酪和鸡蛋的蛋糕薄片,放入烤箱,烘烤
适合做节假日的早午餐,既方便又美味。

奶酪火腿三明治

● **制作方法**　将咸味蛋糕切成1厘米厚的薄片,撒上奶
酪。在薄片中间夹上鸡蛋,放入烤箱烘烤6～8分钟即可。
根据个人口味,可适当添加盐和胡椒粉。

将咸味蛋糕切成小块，做成拼盘，用水果叉即可享用。
在众人云集的聚餐会上，放上几个蛋糕拼盘，既美观又美味。

蛋糕拼盘

● 制作方法　将切成1.5～2厘米见方的咸味蛋糕摆在盘上，并将水果叉插在顶部。
※若摆上各式各样的蛋糕，既养眼又养胃。每次烘焙，预留一些，放在冷冻室冷藏即可。

司空见惯的沙拉摇身一变成主角。
将切成骰子状的蛋糕撒在沙拉盘中，赏心悦目的沙拉就做好了。

沙拉

● 制作方法

将爱吃的咸味蛋糕切成大小适中
的块状，再放入炒锅中略微煎炒。
然后装饰到盛满莴苣叶、生菜叶
的盘上。可根据个人口味适当添
加调味汁。

喝汤时,就着可口美味的蛋糕,也是一种享受。

这种搭配,营造出了时尚浪漫的西餐氛围。

汤

● **制作方法** 将土豆、胡萝卜、芹菜、腊肉切成大小适中的方块,放入加有橄榄油的炒锅中翻炒。
然后加入番茄、水、高汤颗粒煮开,撒上盐、胡椒粉调味。最后装点上美味的咸味蛋糕即可。

Part 3

黄油蛋糕

水果·蔬菜

苹果、桃，与湿润的面糊的融合程度，可以说是完美无瑕。
接下来将介绍添加了果酱、水果干、蔬菜的蛋糕。

将苹果蜜饯包在蛋糕里，既美观又好吃。

苹果黄油蛋糕

◎ 配料（蛋糕模1个）

黄油（无盐）——50克

细砂糖——30克

鸡蛋——1个

A ⎡ 低筋面粉——60克
  ⎢ 泡打粉——1/4小匙
  ⎣ 盐——少许

苹果蜜饯※——2个

苹果蜜饯汁——2大匙

肉桂皮——2根

※苹果蜜饯的配料与制作方法

◎ 配料（小分量）

苹果（选择酸味大、个头小的苹果）——2个
砂糖——1大匙
黄油——1大匙
梅干——2个
朗姆酒——1大匙

● 制作方法

1. 将朗姆酒撒在梅干上，再包上保鲜膜。
2. 用叉子绕苹果一圈轻轻扎几下（为防止苹果皮破裂），并用汤匙或去核器去核。
3. 将砂糖和黄油掺在一起，充分搅拌后分成2等份，分别塞进步骤2的两个苹果中。
4. 将步骤3的苹果并排放在耐热皿上，蒙上一层保鲜膜后，放入微波炉中加热10分钟，然后放在室温下冷却。在去核的地方塞入步骤1的材料。

◉ 准备工作

● 提前一小时从冰箱取出黄油和鸡蛋，使其恢复室温。
● 将A组粉掺在一起并过筛。
● 准备好模具（参照第12页），预热烤箱。

● 制作方法

1. 将黄油放入搅拌盆中并用打蛋器搅拌至糊状，分两次加入细砂糖，每次都用打蛋器充分搅拌。搅拌至砂糖完全溶解、黄油微微发白即可。
2. 将拌匀的鸡蛋分4次添入搅拌盆，每次都用打蛋器充分搅拌。
3. 将A组粉筛入搅拌盆中，用橡皮刮刀以切的方式充分搅拌。
4. 加入煮好的苹果蜜饯汁（冷却后），再次搅拌。
5. 拭去苹果蜜饯表面的汁液后，用过滤网将低筋面粉（分量外）筛入。
6. 将步骤4的1/3量的面糊倒入模具，再并排放入步骤5的苹果蜜饯，然后把肉桂皮插在蜜饯上。将模内空隙部分用面糊填满。
7. 放入烤箱，180℃烘烤10分钟后，再把烤箱温度调到170℃，烘烤20～25分钟。
8. 出炉后趁热脱模，然后放在冷却网上冷却。

在倒入1/3量的面糊后，并排放入苹果蜜饯。

用汤匙舀取面团，填满模内间隙部分。或将面糊装入裱花袋中，挤入模内。

散发着红茶清香的蛋糕，别具风格。还放入了些许酸甜可口的黄桃。

黄桃红茶黄油蛋糕

◎ **配料(蛋糕模1个)**

黄油（无盐）——100克

细砂糖——100克

鸡蛋——2个

黄桃（罐装）——50克

A 低筋面粉——40克

　糕点专用米粉——40克

　杏仁粉——40克

　泡打粉——1/2小匙

　盐——少许

　红茶叶（袋装）——1包

◎ **糖浆**

罐装黄桃汁——2大匙

水——1大匙

葡萄酒——1大匙

◎ **准备工作**

• 提前1小时从冰箱内取出黄油和鸡蛋，使其恢复至室温。

• 将A组粉筛在一起并过筛。

• 准备好模具（参照第12页），预热烤箱。

• 将糖浆的配料掺在一起。

● **制作方法**

1. 将黄油放入搅拌盆中并用打蛋器搅拌至糊状，将细砂糖分2次加入，每次都用打蛋器充分搅拌。搅拌至砂糖完全溶解、黄油微微发白即可。

2. 将拌匀的鸡蛋分4次加入搅拌盆中，每次都用打蛋器充分搅拌。

3. 将A组粉筛入搅拌盆中，用橡皮刮刀以切的方式充分搅拌。再将2/3量的面糊倒入模中。

4. 将1大匙低筋面粉（分量外）撒到切成5毫米厚的月牙形的黄桃上。拍去多余的面粉，将黄桃插入步骤3的面糊中。

5. 倒入剩余的面糊后，拿起模具，使其从5厘米的高度轻轻下落2次，以排除气泡。

6. 放入烤箱，180℃烘烤10分钟后，把烤箱温度调到170℃，再次烘烤20～25分钟。

7. 出炉后趁热脱模，然后放在冷却网上冷却，以散去热气。

8. 趁蛋糕未完全冷却，用刷子将糖浆淋到蛋糕表面，待冷却后包上保鲜膜保鲜。次日是最佳品尝时间。

添加了鲜奶油和奶酪的蛋糕，醇香扑鼻、柔软细腻。

樱桃软奶酪蛋糕

◎ 配料（贝壳形模8个）

黄油（无盐）——80克

软奶酪——50克

鲜奶油——2大匙

细砂糖——100克

鸡蛋——2个

A ⎡ 低筋面粉——120克
  ⎢ 泡打粉——1小匙
  ⎣ 盐——少许

樱桃（罐装）——16颗

◉ 准备工作

● 提前1小时从冰箱内取出黄油和鸡蛋，使其恢复至室温。

● 将A组粉掺在一起并过筛。

● 准备好模具（参照第12页），预热烤箱。

● 制作方法

1. 将鲜奶油加入软奶酪中，搅拌至柔软光滑状。

2. 将黄油加入搅拌盆中，用打蛋器搅拌至糊状，再加入步骤1的材料，并充分搅拌。将细砂糖分2次加入搅拌盆中，每次都用打蛋器充分搅拌，搅拌至砂糖完全溶解、黄油微微发白即可。

3. 将拌匀的鸡蛋分4次加入搅拌盆中，每次都用打蛋器充分搅拌。

4. 将A组粉筛入搅拌盆中，用橡皮刮刀以切的方式充分搅拌。

5. 将面糊倒入模中，再装饰上樱桃。

6. 放入烤箱，180℃烘烤25分钟左右。

7. 出炉趁热脱模，然后放在冷却网上冷却。

特别简单的一款蛋糕！橘子&薄荷,清爽可口。

橘子果酱黄油蛋糕

◎ 配料(细长型模1个)

黄油（无盐）——100克

细砂糖——50克

鸡蛋——2个

橘子果酱——50克

A ┌ 低筋面粉——120克
  │ 泡打粉——1/2小匙
  └ 盐——少许

薄荷巧克力——30克

◉ 准备工作

● 提前1小时从冰箱内取出黄油和鸡蛋,使其恢复至室温。

● 将A组粉掺在一起并过筛。

● 准备好模具（参照第12页）,预热烤箱。

● 制作方法

1. 将黄油放入搅拌盆中,并用打蛋器搅拌至奶油状,将细砂糖分2次加入搅拌盆中,每次都用打蛋器充分搅拌。搅拌至砂糖完全溶解、黄油微微发白即可。

2. 将拌匀的鸡蛋分4次加入搅拌盆中,每次都用打蛋器充分搅拌。

3. 加入橘子果酱,拌匀。

4. 将A组粉筛入搅拌盆,用橡皮刮刀以切的方式充分搅拌。将1/2量的面糊倒入模中,再撒上切成小块的薄荷巧克力,然后倒入剩余的面糊。

5. 放入烤箱,180℃烘烤10分钟后取出,用小刀在中间切开,再放回烤箱,170℃烘烤20～25分钟。

6. 出炉后趁热脱模,然后放在冷却网上冷却,以散去热气。

7. 将薄荷巧克力（分量外）装饰到蛋糕上。

用剪刀把薄荷巧克力剪成小块即可,不用放在砧板上切。

待面糊搅拌至光滑状后,放入薄荷巧克力,一边转动搅拌盆,一边用橡皮刮刀从盆底拌起。不要拌出面筋来。

添加了各种水果的水果蛋糕，人气很高，堪称经典。

水果蛋糕

◎ 配料（蛋糕模1个）

黄油（无盐）——100克

细砂糖——100克

鸡蛋——2个

A ┌ 低筋面粉——120克
  │ 泡打粉——1/2小匙
  └ 盐——少许

水果干——60克

核桃——20克

◎ 糖浆

朗姆酒——1大匙

水——1大匙

白砂糖——1大匙

● 准备工作

● 提前 1 小时从冰箱内取出黄油和鸡蛋，使其恢复至室温。

● 将A组粉掺在一起并过筛（取出1大匙留作备用）。

● 准备好模具（参照第12页），预热烤箱。

● 将装了水和白砂糖的耐热器皿放入微波炉中加热20秒，使白砂糖完全溶解。待冷却后加入朗姆酒，糖浆就做好了。

● 干炒核桃，放在室温下冷却。

● 制作方法

1. 将黄油放入搅拌盆中并用打蛋器搅拌至奶油状，再将细砂糖分2次加入搅拌盆中，每次都用打蛋器充分搅拌。搅拌至砂糖完全溶解、黄油微微发白即可。

2. 将拌匀的鸡蛋分4次加入搅拌盆中，每次都用打蛋器充分搅拌。

3. 将A组粉筛入搅拌盆中，用橡皮刮刀以切的方式充分搅拌。

4. 加入涂抹了A组备用面粉的水果干和核桃，再次搅拌。

5. 将面糊倒入模中，并使中间凹陷。拿起模具，使其从5厘米的高度轻轻下落2次，以排出气泡。

6. 放入烤箱，180℃烘烤10分钟后取出，用小刀在中间切开，再放回烤箱，170℃烘烤20～25分钟。

7. 出炉后趁热脱模，然后放在冷却网上，以散去热气。

8. 趁蛋糕未完全冷却，用刷子将糖浆涂抹到蛋糕表面。

将水果干装在玻璃碗里，再加入白兰地（或朗姆酒），酒刚没过水果干即可，浸泡一晚使水果干变软。

为去除水果干表面的汁液，将备用面粉涂抹到水果干上，使其吸收汁液。

裹上一层糖衣的南瓜和地瓜干，特别美味。

南瓜黄油蛋糕

◎ 配料(蛋糕模1个)

黄油（无盐）——60克

细砂糖——60克

鸡蛋——1个

A ┌ 低筋面粉——90克
  │ 泡打粉——1/2小匙
  └ 盐——少许

地瓜干和南瓜※——200克

◉ 准备工作

• 提前1小时从冰箱内取出鸡蛋，使其恢复至室温。

• 将A组粉掺在一起并过筛（取出1大匙留作备用）。

• 准备好模具（参照第12页），预热烤箱。

┌─────────────────────────────┐
│ ※地瓜和南瓜的配料与制作方法 │
│   │
│ ◎ 配料   │
│ 地瓜——100克   │
│ 南瓜——100克   │
│   │
│ A ┌ 白砂糖——4大匙   │
│   │ 酱油——1/2小匙   │
│   │ 色拉油——4大匙   │
│   └ 橘子汁——2大匙   │
│ 黑芝麻——1大匙   │
│   │
│ ● 制作方法   │
│ 1. 将地瓜和南瓜切成不规则的 │
│ 小块后冲洗，再用纸巾拭去其表 │
│ 面水分。   │
│ 2. 将A组配料放入炒锅中，再放 │
│ 入步骤1的地瓜和南瓜，盖上锅盖 │
│ 用小火煮。待沸腾后再煮上2～   │
│ 3分钟。翻炒后再煮2～3分钟，   │
│ 汁液变成焦糖色即可停火。将糖 │
│ 汁涂抹到地瓜和南瓜上。   │
│ 3. 取出后放在蜡纸或防粘烤盘 │
│ 纸上，趁热撒上芝麻，然后放在室 │
│ 温下冷却。   │
└─────────────────────────────┘

● 制作方法

1. 将黄油放入搅拌盆中，用打蛋器搅拌至奶油状。再将细砂糖分2次加入，每次都用打蛋器充分搅拌。搅拌至砂糖完全溶解、黄油微微发白即可。

2. 将拌匀的鸡蛋分4次加入搅拌盆中，每次都用打蛋器充分搅拌。

3. 将A组粉筛入搅拌盆中，用橡皮刮刀以切的方式充分搅拌。

4. 将涂抹上备用面粉的地瓜干和南瓜加入搅拌盆中，一边转动搅拌盆，一边用橡皮刮刀从盆底拌起。充分搅拌后，倒入模中。

5. 放入烤箱，180℃烘烤10分钟后，将烤箱温度调到170℃，再烘烤20～25分钟。

6. 待散去热气，脱模取出，然后放在冷却网上冷却。

放入了糖渍胡萝卜的蛋糕，色泽鲜艳、健康营养、润滑可口。

糖渍胡萝卜蛋糕

Fruits Vegetable

◎ 配料（圆模8个）

黄油（无盐）——100克

细砂糖——80克

鸡蛋——2个

A
- 低筋面粉——90克
- 杏仁粉——30克
- 泡打粉——1小匙
- 盐——少许

B
- 黄油——1大匙
- 白砂糖——1大匙
- 柠檬汁——1小匙
- 盐——少许

薰衣草（食用）——2大匙

胡萝卜——1根（净重180克）

◉ 准备工作

- 提前1小时从冰箱内取出黄油和鸡蛋，使其恢复至室温。
- 将A组粉掺在一起并过筛。
- 准备好模具（参照第12页），预热烤箱。
- 取1/3根胡萝卜（根部），裹上糖，再将剩余部分研磨成萝卜泥。

※糖渍胡萝卜的制作方法

● 制作方法

1. 将1/3根的胡萝卜去皮后切成5毫米厚的圆片。放入耐热器皿中，并加入B组材料。包上保鲜膜后，放入微波炉中加热1分半钟。
2. 摘去保鲜膜，搅拌后再放回微波炉加热1分半钟，取出后，放在室温下冷却。

● 制作方法

1. 将黄油放入搅拌盆中并用打蛋器搅拌至奶油状，再将细砂糖分2次加入，每次都用打蛋器充分搅拌。搅拌至砂糖完全溶解、黄油微微发白即可。
2. 将拌匀的鸡蛋分4次加入搅拌盆中，每次都用打蛋器充分搅拌。再加入研磨成泥状的胡萝卜。
3. 将A组粉筛入搅拌盆中，用橡皮刮刀以切的方式充分搅拌。
4. 加入薰衣草，一边转动搅拌盆，一边用橡皮刮刀从盆底拌起。充分搅拌后倒入模中，再装饰上裹上糖衣的胡萝卜。
5. 放入烤箱，180℃烘烤25分钟。
6. 待散去热气，脱模取出，然后放在冷却网上冷却。

可可豆·坚果

说到甜味蛋糕，当然就离不开巧克力和坚果了。
我们要在素材的搭配上努力下功夫，以制作出让人过"齿"不忘的香浓美味的蛋糕。

黑白相间的双色蛋糕，其花纹酷似大理石，颇受大家欢迎。

大理石蛋糕

◎ 配料（迷你咕咕霍夫模3个）

黄油（无盐）——100克

细砂糖——100克

鸡蛋——2个

A
- 低筋面粉——120克
- 泡打粉——1/2小匙
- 盐——少许

B
- 可可粉——1/2大匙
- 牛奶——1大匙

◉ 准备工作

● 提前1小时从冰箱内取出黄油和鸡蛋，使其恢复至室温。

● 将A组粉掺在一起并过筛。

● 准备好模具（参照第12页），预热烤箱。

● 制作方法

1. 将黄油放入搅拌盆中并用打蛋器搅拌至奶油状。将细砂糖分2次加入，每次都用打蛋器充分搅拌。搅拌至砂糖完全溶解、黄油微微发白即可。

2. 将拌匀的鸡蛋分4次加入搅拌盆中，每次都用打蛋器充分搅拌。

3. 将A组粉筛入搅拌盆中，橡皮刮刀以切的方式充分搅拌。将1/4量的面糊放入另一个搅拌盆中，加入溶解了可可粉的牛奶，充分搅拌后，茶色的面糊就做好了。

4. 在白色面糊的3～4个不同的位置搁上茶色剂子，用橡皮刮刀大幅度地搅拌3次后，倒入模中。

5. 拿起模具，使其从5厘米的高度下落2次，以排除气泡。

6. 放入烤箱，180℃烘烤25分钟左右。

7. 待散去热气，脱模取出，然后放在冷却网上冷却。

分别在白色面糊的3个地方搁上可可粉做的面糊。

用橡皮刮刀大幅度地搅拌3圈后即可停止搅拌。漂亮的大理石花纹也就做好了。

由香甜润滑的巧克力与酸甜可口的草莓制作而成的蛋糕，颇受好评。

巧克力草莓蛋糕

◎ 配料(咕咕霍夫模1个)

牛奶巧克力——80克

黄油（无盐）——100克

精制白砂糖——60克

蛋黄——2个

A ┌ 低筋面粉——100克
　├ 泡打粉——1/2小匙
　└ 盐——少许

B ┌ 蛋清——2个
　└ 精制白砂糖——40克

草莓——20颗

白巧克力——50克

细砂糖——适量

◉ 准备工作

● 提前1小时从冰箱取出黄油和鸡蛋。

● 将A组粉掺在一起并过筛。

● 准备好模具（参照第12页），预热烤箱。

● 制作方法

1. 将切成碎末的牛奶巧克力、黄油、精制白砂糖放入搅拌盆中，浇上开水，使巧克力溶化。

2. 沥去水分后，搅拌一下，将蛋黄分2次加入，每次都用打蛋器快速搅拌。

3. 将A组粉分成2次筛入搅拌盆，每次都充分搅拌。

4. 将B组的蛋清加入搅拌盆中并用打蛋器搅拌，搅拌起泡后，将精制白砂糖分3次加入，每次都用打蛋器充分搅拌。搅拌至7成发

（挑起扔缓缓流动）时停止。

5. 将步骤4分2次加入到步骤3中，并充分搅拌。

6. 将面糊分3次倒入模具中，每次都撒上草莓。

7. 放入烤箱，180℃烘烤10分钟后，将烤箱温度调至170℃，再

烘烤20～25分钟。

8. 出炉后趁热脱模，然后放在冷却网上冷却，以散去热气。

9. 盛在器皿里，撒上细砂糖。

由微苦的咖啡与香甜的棉花糖做成的蛋糕，苦中带甜、甜中有苦，可谓经典绝配。

咖啡迷你黄油蛋糕

◎ **配料**(迷你蛋糕模4个)

黄油（无盐）——100克

细砂糖——100克

鸡蛋——2个

A ┌ 低筋面粉——120克
　├ 泡打粉——1/2小匙
　└ 盐——少许

B ┌ 速溶咖啡（粉状）——2大匙
　├ 料酒——1大匙
　├ 棉花糖（切成1厘米角状）
　│ 　——20克
　└ 巧克力粉——3大匙

◉ **准备工作**

● 提前1小时从冰箱内取出黄油和鸡蛋，使其恢复至室温。

● 将A组粉掺在一起并过筛。

● 准备好模具（参照第12页），预热烤箱。

● **制作方法**

1. 将黄油放入搅拌盆中，用打蛋器搅拌至奶油状，再将细砂糖分2次加入，每次都用打蛋器充分搅拌。搅拌至砂糖完全溶解、黄油微微发白即可。

2. 将拌匀的鸡蛋分4次加入，每次都用打蛋器充分搅拌。

3. 将A组粉筛入搅拌盆中，用橡皮刮刀以切的方式充分搅拌。

4. 再取一个搅拌盆，放入速溶咖啡，再加入料酒，使咖啡溶解。倒入3大匙步骤3的面糊，并充分搅拌。

5. 将步骤4的材料倒入步骤3中，搅拌至均匀着色。再加入棉花糖

和巧克力粉（留一点做装饰用），一边转动搅拌盆，一边用橡皮刮刀从盆底拌起。

6. 将步骤5的面糊倒入模具，拿起模具，使其从5厘米的高度下落2次，以排除气泡。

7. 放入烤箱，180℃烘烤10分钟后取出，装饰上预留的棉花糖和巧克力粉。再放回烤箱，170℃烘烤15分钟左右。

8. 出炉后趁热脱模，然后放在冷却网上冷却，以散去热气。

使用了三种杏仁的蛋糕。浓香诱人的蜂蜜，使美味倍增。

杏仁菠萝蛋糕

◎ 配料(蛋糕模1个)

黄油（无盐）——100克

细砂糖——50克

蜂蜜——50克

鸡蛋——2个

A
- 低筋面粉——90克
- 杏仁粉——30克
- 泡打粉——1/2小匙
- 盐——少许

碎杏仁——20克

菠萝（罐装）——4片

杏仁片——15克

◉ 准备工作

● 干炒杏仁后，放在室温下冷却。

● 提前1小时从冰箱内取出黄油和鸡蛋，使其恢复至室温。

● 将A组粉掺在一起并过筛。

● 准备好模具（参照第12页），预热烤箱。

● 制作方法

1. 去除菠萝表面的汁液后，将其中3片对半切开，剩下的1片切成小块。

2. 将黄油放入搅拌盆中，用打蛋器搅拌至奶油状。再将细砂糖分2次加入，每次都用打蛋器充分搅拌。搅拌至砂糖完全溶解、黄油微微发白即可。

3. 将拌匀的鸡蛋分4次加入，每次都用打蛋器充分搅拌。

4. 将A组粉筛入搅拌盆中，用橡皮刮刀以切的方式充分搅拌。再加入切成杏仁片和切成碎末的菠萝，一边转动搅拌盆，一边从盆底拌起。

5. 在模具内壁贴上对半切开的菠萝，然后倒入步骤3的面糊。

6. 拿起模具，使其从5厘米的高度下落2次，以排除气泡。

7. 放入烤箱，180℃烘烤10分钟后取出，用小刀在中间切开，装饰上杏仁片，再放回烤箱。将烤箱温度调至170℃，再烘烤20～25分钟。

8. 出炉后趁热脱模，然后放在冷却网上冷却，以散去热气。

加入了鸡精和葡萄的蛋糕，口感细腻、香甜可口，备受大家喜爱。

葡萄蛋糕

◎ **配料（搪瓷锅1个）**

黄油（无盐）——100克

细砂糖——100克

鸡蛋——1个

柠檬皮——1/2个

A
　低筋面粉——120克
　泡打粉——1小匙
　盐——少许

酸味奶油——80毫升

鸡精——1大匙

B
　无籽葡萄——100克
　无籽梅干——3个
　精制白砂糖——1大匙
　低筋面粉——1大匙
　肉豆蔻——少许

◎ **奶浆**

细砂糖——30克

牛奶——1小匙

◉ **准备工作**

● 提前1小时从冰箱内取出黄油和鸡蛋，使其恢复至室温。

● 将A组粉掺在一起并过筛。

● 准备好模具（参照第12页），预热烤箱。

● **制作方法**

1. 将黄油加入搅拌盆中并用打蛋器搅拌至奶油状。再将细砂糖分2次加入，每次都用打蛋器充分搅拌。搅拌至砂糖完全溶解、黄油微微发白即可。

2. 将拌匀的鸡蛋分4次加入，每次都用打蛋器充分搅拌。加入研磨成碎末的柠檬皮、鸡精，再次搅拌。

3. 将1/2量的A组粉筛入搅拌盆中，用橡皮刮刀以切的方式充分搅拌。

4. 按顺序添入1/2量的酸味奶油、过筛的剩余A组粉、剩余的酸味奶油，每次都用打蛋器充分搅拌。将面糊倒入模中。

5. 将B组配料放入塑料袋中并扎紧袋口，上下晃动塑料袋，使其均匀混合。

6. 将步骤5的混合物放在步骤4的面糊中间，然后放入烤箱，170℃烘烤30～35分钟。

7. 出炉后趁热脱模，然后放在冷却网上冷却，以散去热气。

8. 将细砂糖和牛奶混合在一起，做好奶浆。趁蛋糕未完全冷却，用汤匙将奶浆装饰到蛋糕上。冷却后奶浆将会凝固。

充盈着各种果仁的浓郁香味的蛋糕，让人垂涎三尺！

果仁蛋糕

◎ 配料(圆模1个)

黄油（无盐）——40克

红糖——40克

混合果仁（糕点专用）——70克

A
  低筋面粉——150克
  泡打粉——1.5小匙
  肉桂粉——1小匙
  盐——1撮

牛奶——75毫升

B
  黄油（无盐）——60克
  细砂糖——60克
  鸡蛋——1个

◉ 准备工作

● 提前1小时从冰箱内取出黄油和鸡蛋，使其恢复至室温。

● 将A组粉掺在一起并过筛。

● 准备好模具（参照第12页），预热烤箱。

● 制作方法

1. 将黄油涂满模具底部及其侧面，再涂抹上红糖，然后放入冰箱冷藏。待其凝固后，将混合果仁平整有序地放入模具底部。

2. 将B组的黄油放入搅拌盆中并用打蛋器搅拌至奶油状。再将细砂糖分2次加入，每次都用打蛋器充分搅拌。搅拌至砂糖完全溶解、黄油微微发白即可。

3. 将拌匀的鸡蛋分4次加入，每次都用打蛋器充分搅拌。

4. 将1/2量的A组面筛入搅拌盆中，用橡皮刮刀以切的方式充分搅拌。

5. 按顺序加入1/2量的牛奶、剩余的A组粉、剩余的牛奶，每次都用橡皮刮刀以切的方式充分搅拌。拌匀后，倒入模中。

6. 放入烤箱，170℃烘烤35～40分钟。

7. 静置模具，等待热气散去。

8. 待模具的温度下降到可以用手触摸时，倒置模具，将其盛在盘子里。

将红糖涂抹到已涂满黄油的模具内壁上。涂抹得不太平整也可以。

将果仁平整紧凑地铺在模具底部。

日式蛋糕

添加了抹茶、小豆的日式风味蛋糕。
融合了日式素材的上品甜点，让人过"齿"不忘、回味无穷。

Japanese taste

日式与洋式的经典组合。苦中带甜，甜中有苦，天生绝配。

抹茶白巧克力黄油蛋糕

◎ **配料**（蛋糕模1个）

黄油（无盐）——100克

细砂糖——100克

鸡蛋——2个

A ┌ 低筋面粉——60克
  │ 米粉（糕点专用）——60克
  │ 泡打粉——1/2小匙
  │ 抹茶——1大匙
  └ 盐——1撮

白巧克力——50克

◎ **准备工作**

● 提前1小时从冰箱内取出黄油和鸡蛋，使其恢复至室温。

● 将A组粉掺在一起并过筛。

● 准备好模具（参照第12页），预热烤箱。

预先将抹茶和其他粉类掺在一起并过筛。

将1/3量的面糊倒入模中，并使其表面平整、厚薄均匀，然后放入巧克力。同样的工序再重复一遍。

● **制作方法**

1. 将黄油放入搅拌盆中并用打蛋器搅拌至奶油状。再将细砂糖分2次加入，每次都用打蛋器充分搅拌。搅拌至砂糖完全溶解、黄油微微发白即可。

2. 将拌匀的鸡蛋分4次加入，每次都用打蛋器充分搅拌。

3. 将A组粉筛入搅拌盆中，用橡皮刮刀以切的方式充分搅拌。

4. 将白巧克力切成大块。

5. 按顺序加入1/3量的面糊、1/2量的巧克力、1/3量的面糊、剩余的巧克力、剩余的面糊。拿起模具，使其从5厘米的高度下落2次，以排除气泡。

6. 放入烤箱，180℃烘烤10分钟后取出，用小刀在中间切开，再放回烤箱，170℃烘烤25～30分钟。

7. 出炉后趁热脱模，然后放在冷却网上冷却，以散去热气。

芝麻的醇香扑鼻，再加上橙皮的清香醉人，如此美味，让人终生难忘。

黑芝麻蛋糕

◎ **配料**(细长型模1个)

黄油（无盐）——50克

黑芝麻糊——50克

细砂糖——60克

蛋黄——2个

牛奶——2大匙

蛋清——2个

精制白砂糖——30克

A ┌ 低筋面粉——100克
  │ 泡打粉——1/2小匙
  └ 盐——少许

橙皮——30克

白芝麻——1大匙

◉ **准备工作**

● 提前1小时从冰箱内取出黄油
和鸡蛋，使其恢复至室温。

● 将A组粉掺在一起并过筛。

● 准备好模具（参照第12页），
预热烤箱。

● **制作方法**

1. 将黑芝麻糊和黄油放入搅拌
盆中，用打蛋器搅拌至光滑状。
再将细砂糖分2次加入，每次都
用打蛋器充分搅拌。

2. 加入蛋黄搅拌，再加入牛奶
并充分搅拌。

3. 另取一个搅拌盆，放入蛋清
和砂糖，用打蛋器搅拌至气泡
充分、呈立体状、有光泽，蛋白
酥皮就做好了。将1/3量的蛋
白酥皮加入步骤1的搅拌盆中，
并用打蛋器搅拌至融合状态。

4. 将1/2量的A组粉筛入搅拌盆
中，用橡皮刮刀以切的方式充

分搅拌。

5. 加入1/3量的蛋白酥皮，一
边转动搅拌盆一边用橡皮刮
刀从盆底拌起。拌匀后，再
筛入剩余的A组粉，用橡皮刮
刀以切的方式充分搅拌。

6. 加入剩余的蛋白酥皮、橙
皮、白芝麻，搅拌至融合状态。

7. 将面糊倒入模具，并使中
间凹陷。拿起模具，使其从5
厘米的高度下落2次，以排除

气泡。

8. 放入烤箱，180℃烘烤10分钟后，
将烤箱温度调到170℃，再烘烤20～
25分钟。

9. 出炉后趁热脱模，然后放在冷
却网上冷却，以散去热气。

10. 切除蛋糕的膨胀部分，倒置模
具，盛在盘子里。将切成1厘米宽
的厚纸斜放在蛋糕上，再用过滤
网将细砂糖筛到蛋糕表层，然后
轻轻地取下厚纸。

只有日式蛋糕才有的黄金搭配。融合了日本酒的糖汁，风味独特，令人赞不绝口。

红豆栗子黄油蛋糕（日本酒风味）

◎ **配料**(蛋糕模1个)

黄油（无盐）——100克

细砂糖——60克

鸡蛋——2个

A ┌ 低筋面粉——120克
  │ 泡打粉——1/2小匙
  └ 盐——少许

煮红豆——70克

熟栗子——8颗

◎ **糖浆**

日本酒——5大匙

水——4大匙

砂糖——40克

◉ **准备工作**

● 提前1小时从冰箱内取出黄油和鸡蛋，使其恢复至室温。

● 将A组粉掺在一起并过筛（取出1大匙留作备用）。

● 准备好模具（参照第12页），预热烤箱。

● 将糖浆的配料放入小锅，用小火煮一会，然后放在室温下冷却。

● **制作方法**

1. 将黄油放入搅拌盆中，并用打蛋器搅拌成奶油状。再将细砂糖分2次加入，每次都用打蛋器充分搅拌。搅拌至砂糖完全溶解、黄油微微发白即可。

2. 将拌匀的鸡蛋分4次加入，每次都用打蛋器充分搅拌。

3. 将A组粉筛入搅拌盆中，用橡皮刮刀以切的方式充分搅拌。再加入煮红豆，大幅度地搅拌三圈。

4. 将A组备用面粉涂抹到栗子上。

5. 将1/3量的面糊倒入模具，再放入步骤4的栗子，然后倒入剩余的面糊，并使面糊表面平整光滑。拿起模具，使其从5厘米的高度下落2次，以排除气泡。

6. 放入烤箱，180℃烘烤10分钟后取出，用小刀在中间切开，再放回烤箱，170℃烘烤25～30分钟。

7. 出炉后趁热脱模，然后放在冷却网上冷却，以散去热气。

8. 趁蛋糕未完全冷却，将糖浆淋到其表面，待冷却后包上保鲜膜、放入冰箱冷藏。品尝时再从冰箱取出，并使其恢复至室温。保存期限为一周左右。

香浓甘甜的面糊与香蕉是最佳组合。少量的糖渍生姜是美味的秘诀。

红糖香蕉蛋糕

◎ **配料**（蛋糕模1个）

黄油（无盐）——100克

红糖——80克

鸡蛋——2个

A ┌ 低筋面粉——120克
  │ 泡打粉——1小匙
  └ 盐——少许

香蕉——1根（100克）

柠檬汁——1小匙

糖渍生姜（买现成的即可）
——10克

◉ **准备工作**

• 提前1小时从冰箱内取出黄油和鸡蛋，使其恢复至室温。

• 将A组粉掺在一起并过筛。

• 准备好模具（参照第12页），预热烤箱。

● **制作方法**

1. 将切成1厘米角状的香蕉放入搅拌盆，并涂抹上柠檬汁。再将糖渍生姜切成小块。

2. 将黄油放入搅拌盆并用打蛋器搅拌至奶油状。再将红糖分2次加入，每次都用打蛋器充分搅拌至光滑状。

3. 将拌匀的鸡蛋分4次加入，每次都用打蛋器充分搅拌。

4. 将A组粉筛入搅拌盆中，用橡皮刮刀以切的方式充分搅拌。再加入步骤1的材料，并搅拌均匀。

5. 将面糊倒入模具，并使中间凹陷。拿起模具，使其从5厘米的高度下落2次，以排除气泡。

6. 放入烤箱，180℃烘烤10分钟后取出，用小刀在中间切开，再放回烤箱。170℃烘烤20～25分钟。

7. 出炉后趁热脱模，然后放在冷却网上冷却。

精致可爱的桂花装饰招人喜欢。添加了烘焙茶的蛋糕，散发着淡淡的清香。

桂花纳豆蛋糕（烘焙茶风味）

◎ 配料(硅胶模8个)

黄油（无盐）——100克

细砂糖——100克

鸡蛋——2个

A
- 低筋面粉——120克
- 泡打粉——1/2小匙
- 盐——少许
- 烘焙茶（袋装）——1包

纳豆——16颗

桂花——6片

◉ 准备工作

• 提前1小时从冰箱内取出黄油和鸡蛋，使其恢复至室温。

• 将A组粉掺在一起并过筛。

• 准备好模具（参照第12页），预热烤箱。

• 将干桂花过水洗一遍，沥干。

● 制作方法

1. 将黄油放入搅拌盆中并用打蛋器搅拌至奶油状。再将细砂糖分2次加入，每次都用打蛋器充分搅拌。搅拌至砂糖完全溶解、黄油微微发白即可。

2. 将拌匀的鸡蛋分4次加入，每次都用打蛋器充分搅拌。

3. 将A组粉筛入搅拌盆中，用橡皮刮刀以切的方式充分搅拌。

4. 用汤匙将面糊添入模具中，并将纳豆放在中间。添至模具7分高即可，然后装饰上桂花。

5. 放入烤箱，180℃烘烤25分钟左右。

6. 出炉后趁热脱模，然后放在冷却网上冷却，以散去热气。

黄油蛋糕是下午茶的最佳伴侣

一杯红茶（或是一杯咖啡）、几块黄油蛋糕，

一份简单而又美味的下午茶点就搭配好了。

黄油蛋糕，是下午茶的最佳伴侣。

将蛋糕盛在碟子上，再配以诱人的鲜奶油，

或者将其盛在西式餐盘上，尽享西餐氛围……

总之，根据个人喜好可随意搭配。

蛋糕、鲜奶油、水果的组合，一直备受青睐。

将蛋糕切成小块盛在杯子里，再配以白色的奶油、绿色的薄荷叶，

如此美味，让人怦然心动。

小点心

Happy Arrange

● **制作方法** 将黄油蛋糕切成1.5～2厘米的角状，再将水果切成方便食用的大小。
按顺序放入鲜奶油、蛋糕、水果，再装饰上薄荷叶。

小巧精致的小蛋糕,一直都是聚餐甜点的首选。
浸泡在满满的香槟里的蛋糕,香味四溢、美味诱人,更为经典。

浸泡在香槟里的蛋糕

● **制作方法** 将樱桃奶油蛋糕放入酒杯中,再倒入冰
镇过的香槟,用汤匙取用即可。

用鲜奶油、可可粉制作而成的提拉米苏，一直很受欢迎。众人聚餐的时候，建议大家
将大盘子上的蛋糕分成小份后再享用。

提拉米苏

● **制作方法** 将黄油蛋糕切成薄片，涂抹上鲜奶油，然后筛入可可粉。

平日里貌不惊人的蛋糕,稍微一装点,便成了时尚美味的西式甜点。
根据个人口味,可配以冰激凌、水果。

午后甜点

● **制作方法** 将蛋糕(图中是巧克力草莓蛋糕)切成块状,
配以鲜奶油和草莓,再装饰上薄荷叶。

搅拌盆

在混合配料时使用。直径为20～25厘米的搅拌盆,其大小正好合适。使用不锈钢、耐热玻璃制的搅拌盆,更实用耐磨。

小刀

请准备一把大小适中、刀尖锐利的小刀。小刀的用途很多,如划一道切口、切除多余的蛋糕坯等,比较细致的雕切操作都少不了它。

烘焙工具

量杯、大匙、小匙

200毫升的量杯是必备之物。请选择刻度清楚、拿取方便的量杯。称量面粉或盐时,多取一些,然后用汤匙将其表面刮平。

刷子、橡皮刮刀

刷子在涂抹糖浆时使用。请选择毛长、根部结实的刷子。橡皮刮刀在搅拌配料或去掉粘在盆上的配料时使用。

烤箱

烤箱是烘焙的主力,也是不可不备的工具。要烤出美味的西点,选择一台心仪的烤箱是第一步。

微波炉无法代替烤箱,它们的加热原理完全不一样。即使是有烧烤功能的微波炉也不行。

过滤网、面粉筛

过滤网在最后加工时使用，如筛入细砂糖。面粉筛在筛粉时使用。过筛是为了不产生粉粒，使最后搅拌好的混合物光滑细致。

冷却网

将烘烤好的蛋糕坯冷却时使用。冷却网通气性良好、散热及时，它能帮助刚出炉的蛋糕坯快速冷却。形状有四方形的和圆形的。

厨房秤

称重时使用。家里一般使用最大称量为1千克的秤盘。请选择最小称量为1克的秤盘。建议使用计数准确、拿取方便的秤盘。

打蛋器

搅拌黄油和砂糖时使用。随着打蛋器的搅拌，空气会混入搅拌物中，最后搅拌成的面糊松软膨胀。

图书在版编目（CIP）数据

蛋糕烘焙魔法书 /（日）三宅郁美著 ；周志燕译.
— 杭州：浙江科学技术出版社，2016.1
ISBN 978-7-5341-6728-7

Ⅰ．①蛋… Ⅱ．①三… ②周… Ⅲ．①蛋糕—烘焙
Ⅳ．①TS213.2

中国版本图书馆CIP数据核字(2015)第141682号

著作权合同登记号 图字：11-2015-89号

原书名：ケーク・サレ&パウンドケーキ
Cake salé & Pound Cake © 2009 by Ikumi Miyake
Original Japanese edition published in 2009 by Nitto Shoin Honsha Co., Ltd.
Simplified Chinese Character rights arranged with Nitto Shoin Honsha Co., Ltd.
Through Beijing GW Culture Communications Co., Ltd.

书　　名	蛋糕烘焙魔法书
著　　者	［日］ 三宅郁美
译　　者	周志燕

出版发行　浙江科学技术出版社

　　　　杭州市体育场路347号　邮政编码：310006
　　　　办公室电话：0571-85176593
　　　　销售部电话：0571-85176040
　　　　网　　址：www.zkpress.com
　　　　E-mail:zkpress@zkpress.com

排　　版	烟雨
印　　刷	北京缤索印刷有限公司

开　　本	710×1000　1/16	印　张	6
字　　数	150 000		
版　　次	2016年1月第1版	印　次	2016年1月第1次印刷
书　　号	ISBN 978-7-5341-6728-7	定　价	39.80元

责任编辑　王巧玲　　**责任校对**　刘　丹
　　　　　　　　　　　责任印务　徐忠雷